WEKA

PRAXISLÖSUNGEN

Prof. Dr. Gerd Motzke

Baustellenguide Mängel und Schäden

IMPRESSUM

Bibliografische Information der Deutschen Nationalbibliothek
Die Deutsche Nationalbibliothek verzeichnet diese Publikation in der Deutschen Nationalbibliografie; detaillierte bibliografische Daten sind im Internet über http://dnb.d-nb.de abrufbar.

Wichtiger Hinweis
Die WEKA MEDIA GmbH & Co. KG ist bemüht, ihre Produkte jeweils nach neuesten Erkenntnissen zu erstellen. Deren Richtigkeit sowie inhaltliche und technische Fehlerfreiheit werden ausdrücklich nicht zugesichert. Die WEKA MEDIA GmbH & Co. KG gibt auch keine Zusicherung für die Anwendbarkeit bzw. Verwendbarkeit ihrer Produkte zu einem bestimmten Zweck. Die Auswahl der Ware, deren Einsatz und Nutzung fallen ausschließlich in den Verantwortungsbereich des Kunden.

WEKA MEDIA GmbH & Co. KG
Sitz in Kissing
Registergericht Augsburg
HRA 13940

Persönlich haftende Gesellschafterin:
WEKA MEDIA Beteiligungs-GmbH
Sitz in Kissing
Registergericht Augsburg
HRB 23695
Geschäftsführer: Stephan Behrens, Michael Bruns, Werner Pehland

WEKA MEDIA GmbH & Co. KG
Römerstraße 4, D-86438 Kissing
Fon 0 82 33.23-40 00
Fax 0 82 33.23-74 00
service@weka.de
www.weka.de

Umschlag geschützt als Geschmacksmuster der
WEKA MEDIA GmbH & Co. KG
Satz: WEKA MEDIA GmbH & Co. KG
Druck: fgb GmbH & Co. KG, Bebelstraße 11, D-79108 Freiburg i.Br.
Printed in Germany 2015

ISBN 978-3-8111-3503-1

Inhaltsverzeichnis

1 Methoden der Mangel- bzw. Schadensfeststellung

Ausgangspunkt: Mängelrüge und Mangelbild

Feststellungsverfahren – allgemeine Gesichtspunkte

Mängel oder Schäden werden meist anhand ihres negativen optischen Erscheinungsbilds erkannt (Einstürze, erhebliche Abweichungen von der Sollbeschaffenheit, Zerstörungen). Diesbezüglich ist eine Feststellung des Mangels bzw. Schadens an sich nicht erforderlich, da offensichtlich. Im Zusammenhang mit der Ursachenforschung und der Frage nach der Art und Weise der Mängelbeseitigung sind Dokumentation und sonstige Sicherung des Mangelbilds jedoch dringend geboten. Im Zusammenhang mit Bekundungen als sachverständiger Zeuge gewinnt dieses Material erheblich an Bedeutung, wenn es von einem Sachverständigen stammt. Zur Beweissicherung ist also angeraten, fotografische Aufnahmen, Zeichnungen, Protokolle und dergleichen zu fertigen (Mangel-/Schadenskataster).

Ein Mangelbild reicht als Auslöser für eine Mängelrüge aus. Ein Auftraggeber braucht vor einer Mängelrüge oder Mängelbeseitigungsaufforderung keine Ursachenforschung zu betreiben. Hierfür ist auch nicht irgendein Grad von Gewissheit erforderlich (BGH, 02.09.2010, VII ZR 110/09, NJW 2010, 3649). Ein Auftraggeber braucht auch nicht zu prüfen, ob der gerügte Auftragnehmer für den behaupteten Mangel verantwortlich ist. Das hat bei einem VOB/B-Bauvertrag mit § 13 Abs. 3 VOB/B zu tun, wonach die Einstandspflicht für einen Mangel nicht dann entfällt, wenn die Ursachen z.B. in überlassenen

Ausführungsplänen, Leistungen vorleistender Unternehmer oder in Anordnungen des Auftraggebers liegen. Bei einem BGB-Bauvertrag ist das nicht anders, denn nach § 633 Abs. 2 BGB knüpft die Sachmängelhaftung an der nicht hergestellten Sachmangelfreiheit an. Auf die Ursache hierfür wird nicht abgestellt, allein die Mangelhaftigkeit der Werkleistung, die darin liegt, dass die werkvertraglich geschuldete Sachmangelfreiheit verfehlt wird, begründet die Sachmangelhaftung. Die Mängelrüge löst den Prüfungsgang für den Auftragnehmer aus. Prüfungsgegenstand ist selbstverständlich neben der Mangelfrage die Ursache des Mangels. Liegt nämlich die Ursache im Verantwortungsbereich des Auftraggebers, z.B. wegen Planungsfehlers, mangelhafter Auftraggebervorgaben oder unzulänglichen Leistungen eines Vorunternehmers, eröffnet sich eventuell die Freizeichnungsmöglichkeit. Die Grundsätze hierfür liefert § 13 Abs. 3 VOB/B, die über Treu und Glauben auch im BGB-Bauvertrag gelten. Selbst wenn der Unternehmer auf Bedenken diesbezüglich nicht aufmerksam gemacht haben sollte, ist er nämlich frei von der Sachmangelhaftung, wenn das insoweit erforderliche Fachwissen nach den Anforderungen der einschlägigen Berufsgruppe nicht erwartet werden konnte.

Der gerügte Auftragnehmer, dessen Verantwortlichkeit sich später tatsächlich erweist, handelt äußerst unklug, seine Bereitschaft zur Prüfung und Feststellung davon abhängig zu machen, dass der Auftraggeber zur Zahlung der Anfahrts- und Untersuchungskosten für den Fall bereit ist, dass die Untersuchung zur Verneinung des Mangels oder der Verantwortlichkeit des gerügten Auftragnehmers führt. Unterzeichnet nämlich ein Auftraggeber eine solche Bereitschaftserklärung nicht, was der gerügte Auftragnehmer zum Anlass nimmt, auf die Mängelrüge nichts zu tun, und tritt später der Mangel tatsächlich mit erheblichen schädigenden Wirkungen auf – im Fall des Bundesgerichtshofs: die verlegte Leistung wies tatsächlich eine Leckage auf –, kann sich der Auftragnehmer nicht auf eine Mitverursachung durch den Auftraggeber berufen (BGH, 02.09.2010, VII ZR 110/09, NJW 2010, 3649). Den Auftraggeber trifft keine Obliegenheit gegenüber einem verantwortlichen Auftragnehmer, sich auf ein solches Ansinnen, eine derartige Bereitschaftserklärung einzulassen.

Mängel/Fehler können jedoch auch ohne äußeres Erscheinungsbild allein durch Messungen feststellbar sein. Die Baubeteiligten gehen in der Praxis vermehrt dazu über, sich über die Qualität der Leistung durch Prüfung und Messung von Qualitätskriterien zu vergewissern, soweit dies möglich ist. Dies kann im Zusammenhang mit der Schuldrechtsreform eine erhebliche Verstärkung erfahren. Denn vereinbarte Beschaffenheiten (§ 633 Abs. 2 BGB) begründen allein durch ihr Fehlen einen Mangel, was durch Messen usw. feststellbar ist.

Beispiele

Bei Beschichtungsarbeiten können die Dicke der Beschichtung ebenso wie die Abreißfestigkeit gemessen werden. Dasselbe gilt für die Rohdichte des Frischmörtels, die Abreißfestigkeit des aufgebrachten Reparaturmörtels. Zur Feststellung von Hohlstellen sind die fraglichen Stellen abzuklopfen. Ob dies jedoch die alleinigen Parameter für die Verwendungseignung einer Leistung sind, ist die Frage.

Letztlich geht es darum, dass der Unternehmer eine fach- und sachgerechte Güteüberwachung vornimmt und nicht erst sichtbar gewordene Mängel und Schäden zum Anlass für Änderungen im Bauablauf nimmt. Mit einer ordentlichen Güteüberwachung kann der ausführende Unternehmer die Einhaltung der Anforderungen dartun. Nach § 4 Abs. 1 Nr. 2 VOB/B hat ein Auftraggeber einen Anspruch auf Einsichtnahme in derartige Güteprüfungsunterlagen.

Ungleich schwieriger kann sich die Feststellung der Ursache aufgetretener Mängel oder Schäden gestalten. Um diese – und nachfolgend die Verantwortlichkeit – später eindeutig oder mit an Sicherheit grenzender Wahrscheinlichkeit feststellen zu können, sind die eingehende Untersuchung des Zustands und die ausführliche und umfangreiche Dokumentation des Schadensbilds und des Schadensvorgangs einschließlich der Darstellung der eingehaltenen Untersuchungsmethode von größter Wichtigkeit.

Die Ursachenforschung, die unter technischen Gesichtspunkten meist auch den Zweck verfolgt, die technisch richtige und fachgerechte Mängelbeseitigung auswählen zu können, um den vertraglich geschuldeten Erfolg zu gewährleisten, verfolgt jedoch unter rechtlichen Gesichtspunkten nicht nur diesen Beweiszweck.

Auf eine Mängelrüge hat der gerügte Auftragnehmer zu prüfen, worauf der Mangel zurückzuführen ist und inwieweit das Werk tatsächlich mangelhaft ist (BGH, BauR 1987, 84). Aus dem Prüfungsergebnis leiten sich dann Art und Umfang der Mängelbeseitigungspflichten ab. Wird die Mängelrüge nach der rechtsgeschäftlichen Abnahme erhoben, bestimmt grundsätzlich der Auftragnehmer über die Art und Weise der Mängelbeseitigung (BGH, 07.03.2013, VII ZR 119/10, Rn 21, BauR 2013, 1129; BGH, 05.05.2011, VII ZR 28/10, BauR 2011, 1336). Werden Mängelrügen noch im Verlauf der Baumaßnahme erhoben und kommt der Auftragnehmer der Mängelbeseitigungsaufforderung nicht nach, hat der Auftraggeber, der zur Selbstbeseitigung z.B. durch Einsatz eines Drittunternehmers schreitet, dafür zu sorgen, dass Beweise gesichert werden. Der Auftraggeber muss den Vorwurf vereiteln können, Beweisführungen zulasten des Auftragnehmers vereitelt zu haben. Denn macht der Auftragnehmer, dem z.B. wegen seines Verhaltens nach § 4 Abs. 7 VOB/B gekündigt worden ist, Vergütungsansprüche geltend, muss er eigentlich die Mangelfreiheit seiner Leistung dartun und beweisen können. Diese Beweisführung kann vereitelt worden sein und zur Beweislastumkehr führen. Das bedeutet praktisch, dass in einem solchen Fall der Auftraggeber die Mangelhaftigkeit der Leistung zu beweisen hat. Hat dieser die Beweise aber vernichtet, wird ihm dieser Beweis mit der Folge nicht gelingen, dass er die behaupteten Mängelbeseitigungskosten nicht erstattet erhält. Nach Auffassung des Bundesgerichtshofs hat der Auftragnehmer auch in der Erfüllungsphase das Bestimmungsrecht, auf welche Weise die Mängelbeseitigung zu erfolgen hat (BGH, 07.03.2013, VII ZR 119/10, Rn 21, BauR 2013, 1129),

Verjährungsrechtliche Aspekte der Untersuchung

Mit der *Ursachenforschung* soll, von der *Mangelerscheinung* ausgehend, der *Mangel selbst,* also der *eigentliche Mangel,* ermittelt werden. Dieser Umstand hat unter *verjährungsrechtlichen Gesichtspunkten* erhebliche Bedeutung. Der BGH hat nämlich in mehreren Entscheidungen (BauR 1989, 78, 80; BauR 1989, 81, 82; ZfBR 1989, 215 und 202) mehrfach betont, dass die Verjährungsfrist hemmende oder unterbrechende Maßnahmen (schriftliche Mängelrüge nach VOB/B bei einem VOB/B-Bauvertrag, Nachbesserung, selbstständiges Beweisverfahren, Vorschussklage) an der *Mangelerscheinung* lediglich anknüpfen, der *Umfang der Hemmung oder Unterbrechung* sich jedoch am *wahren Mangel* orientiert. Die Schuldrechtsmodernisierung hat allerdings dazu geführt, dass das BGB im Wesentlichen nur noch Hemmungstatbestände kennt (z.B. Klage, Mahnbescheid, selbstständiges Beweisverfahren, Streitverkündung haben nur noch hemmende Wirkung). Das heißt, der Umfang der verjährungshemmenden Wirkung bestimmt sich nicht nach dem bloßen Mangelbild. Die Hemmungswirkung erfasst sämtliche Ursachen, die wegen ihrer Mangelträchtigkeit geeignet sind, z.B. an anderen Stellen zu Mangelbildern zu führen.

Orientierung am Mangel selbst

Gerügt werden einzelne Putzrisse und einzelne Feuchtigkeitserscheinungen, weswegen der Unternehmer eine Prüfung vornimmt und die gerügten Stellen nachbessert. Die schriftliche Mängelrüge (beim VOB-Bauvertrag nach § 13 Abs. 5 VOB/B) unterbricht den Lauf der Verjährungsfrist nicht in Beschränkung auf die gerügten Mangelerscheinungen. Die *Hemmung oder Unterbrechung* erfasst den wahren Mangel.

Welche Folgen sich daraus ergeben, verdeutlicht das folgende Beispiel:

Beispiel

Bereits außerhalb der vertraglich vereinbarten Gewährleistungszeit rügt der Besteller, an dessen Objekt der Unternehmer Putzrisse an der Südseite auf Rüge beseitigt hat, solche Risse auch an der Westseite. Der Unternehmer beruft sich auf den Ablauf der Verjährung. Dieser Einwand geht ins Leere, wenn für die neuen Risse dieselbe Ursache wirksam ist wie für die Risse an der Südseite. Die ordnungsgemäße, die Mängel lokalisierende schriftliche Rüge wirkt sich verjährungsrechtlich betrachtet auf die wahre Ursache und damit den wahren Mangel aus. Ist dieser wahre Mangel zu einem späteren Zeitpunkt die Ursache für weitere Mangelerscheinungen, dann ist der Lauf der Verjährungsfrist für den erst jetzt entdeckten, versteckten Mangel unter Berücksichtigung der Unterbrechung nach § 13 Abs. 5 VOB/B zu beurteilen. Prüft ein Auftragnehmer auf eine Mängelrüge hin im Einvernehmen mit dem Auftraggeber den Sachverhalt, liegt eine unter § 203 BGB fallende Verhandlungssituation vor (BGH, NJW 2007, 675). Die Hemmungswirkung endet, wenn der Auftragnehmer dem Auftraggeber das Ergebnis mitteilt oder die Untersuchung abgebrochen wird. Nach § 203 Satz 1 BGB dauert die Hemmung so lange an, bis der eine oder andere Teil die Fortsetzung der Verhandlungen verweigert. Auf Untersuchungs- und Feststellungsverfahren übertragen bedeutet das: Lässt der Auftraggeber weitere Feststellungen und Untersuchungen nicht mehr zu, endet die Hemmung genauso als würde der Auftragnehmer deren Ende erklären oder schlicht mit der Fortsetzung der Untersuchung aufhören.

Nach § 212 Abs. 1 Nr. 1 BGB beginnt eine Verjährungsfrist neu zu laufen, wenn der Schuldner dem Gläubiger gegenüber den Anspruch durch Abschlagszahlung, Zinszahlung, Sicherheitsleitung oder in anderer Weise anerkennt. Ein solches Anerkenntnis liegt nicht vor, wenn ein Unternehmer auf Aufforderung des Bestellers eine Mängelbeseitigung vornimmt und dabei jedoch deutlich zum Ausdruck bringt, dass er nach seiner Auffassung nicht zur Mängelbeseitigung verpflichtet ist (BGH, 23.08.2012, VII ZR 155/10, BaR 2012, 1789). Nimmt der Auftragnehmer auf Aufforderung eines Bestellers Prüfungen vor, ob ein Mangel überhaupt vorliegt und welche Ursache in Betracht kommen könnte, sind diese Maßnahmen zwar klar von einer Mängelbeseitigungsmaßnahme zu trennen.

Aber dennoch sollte der Auftragnehmer in einer solchen Situation vor Beginn schriftlich klarstellen, dass er lediglich Prüfungen und keine Mängelbeseitigungsmaßnahmen vornimmt, dass er damit die Mangelhaftigkeit seiner Leistung in keine Weise anerkennt und die Maßnahmen deshalb ausschließlich auf Kulanz erfolgen und das Ergebnis der Prüfungen abzuwarten ist.

Konsequenzen für versteckte Mängel

Für versteckte Mängel wird jedenfalls infolge der sog. Symptomtheorie des BGH die *Verjährungsproblematik* entschärft, wenn im Verlauf der Verjährungsfrist bezüglich einer Mangelerscheinung eine den Lauf der Verjährung hemmende oder unterbrechende Maßnahme ergriffen worden ist, deren wahrer Grund auch für den erst jetzt aufgetauchten Mangel ursächlich ist.

Praxiskonsequenz

Analyse- und Bewertungsbedarf

Welche Handlungsfolgen ergeben sich für den Unternehmer?

1. Die Erforschung der Ursache von beanstandeten Mangelerscheinungen ist ungeheuer wichtig für die Prüfung der Verjährungsfrist für Sachmängelansprüche.
2. Der Bundesgerichtshof legt dem Unternehmer nahe, auf Mängelrüge hin den erforderlichen Umfang und die Art der Nachbesserung der Mängel und nicht nur die Erscheinungsformen dieser Mängel in eigener Verantwortung an Ort und Stelle zu klären.
3. Damit ist dem *Unternehmer die Pflicht auferlegt, eine Ursachenforschung zu betreiben,* also nicht an der bloßen Mangelerscheinung hängen zu bleiben, sondern den wahren Mängeln im Sinne der Ursache gerügter Mangelbilder auf den Grund zu gehen.
4. Welche Folgen sich daraus ergeben, dass der Unternehmer diese Pflicht nicht erfüllt, ist höchstrichterlich noch nicht geklärt. Es dürfte naheliegen, abstrakt die Frage zu klären, welche Ursache sich bei damaligem sachgerechtem Vorgehen als gegeben herausgestellt hätte. Später eintretende Mängel, die auf diese so ermittelte Ursache zurückzuführen sind, nehmen bezüglich des Laufs der Verjährung an der Hemmung oder Unterbrechung teil.
5. Für *versteckte Mängel* gilt jedenfalls, dass sie an verjährungsunterbrechenden oder verjährungshemmenden Maßnahmen, die an sichtbaren Mangelerscheinungen ansetzen, teilhaben, wenn deren Ursachen auch für den versteckten Mangel einschlägig sind. *Deshalb ist die Ursachenfrage von erheblicher Bedeutung.*

6. Der Unternehmer sollte vor Beginn der auf eine Mängelrüge hin veranlassten Prüfung schriftlich gegenüber dem Auftraggeber zum Ausdruck bringen, dass dieser Prüfungsvorgang lediglich kulanzhalber der Prüfung des Mangelbilds und seiner möglichen Ursachen dient und hiermit kein Anerkenntnis der Einstandsverpflichtung verbunden ist.

Bedeutung für die Zurechnung und die Verantwortung

Die Ursachenforschung gewinnt auch für die Klärung der Zurechnungsfrage maßgebliches Gewicht. Bleibt die Ursache im Dunkeln, ist der Unternehmer im Nachteil. Denn sein Werk ist mangelbehaftet. Mangels Kenntnis der Ursache bleibt es ausgeschlossen, einen anderen Baubeteiligten in die Verantwortung zu nehmen. Ist das Werk eines Unternehmers objektiv mangelbehaftet, wird vermutet, dass der Fehler auf die Pflichtwidrigkeit und Vertragswidrigkeit des Unternehmers zurückgeht. Geht die Ursache des Mangels auf Stoffvorgaben, auf die Leistungsbeschreibung, die Werkplanung, die Vorleistung anderer Unternehmer zurück, ändert sich gemäß § 13 Abs. 3 VOB/B zwar zunächst nichts an der Einstandspflicht des Auftragnehmers. Erst wenn der Auftragnehmer weiter darlegen und notfalls auch beweisen kann, dass insoweit von ihm ein Fachwissen nicht verlangt wird, um die Mängel in diesen Vorgaben zu erkennen, wird der Auftragnehmer entlastet und erfolgt eine Enthaftung nach § 13 Abs. 3 VOB/B. Dann ist die strenge Erfolgshaftung des Werkvertragsrechts einzuschränken. Nach der Rechtsprechung des Bundesgerichtshofs ist ein Unternehmer dann nicht für einen Werkmangel verantwortlich, wenn dieser auf verbindliche Vorgaben des Auftraggebers zurückzuführen ist und der Unternehmer seine Prüfungs- und

Hinweispflicht erfüllt hat (BGH, 10.02.2011, VII ZR 8/10, BauR 2011, 869, 871; BGH, 08.22.2007, VII ZR 183/05, BauR 2008, 344).

Beispiel

Der Bodenbelag löst sich unter Blasenbildung stellenweise ab. Lässt sich die Ursache nicht klären – es kann in Betracht kommen, dass nicht ordnungsgemäß verklebt worden ist, der Kleber nicht ausreichend abtrocknete, zu viel Wasser oder Lösungsmittel enthielt, der Estrich noch nicht belegreif war, aber auch Wasserdampf durch die Decke diffundierte und den Boden abdrückte –, dann bleibt der Bodenleger in der Haftung. Sein Werk ist mangelhaft; es ist ihm nicht gelungen, die Mangelhaftigkeit seines Werks auf Vorgaben anderer Baubeteiligter zurückzuführen. Dabei ist auch zu beachten, dass § 13 Abs. 3 VOB/B die Haftung des Auftragnehmers auch dann festlegt, wenn die Ursache im Leistungsverzeichnis (LV), in der Werkplanung usw. liegt. Haftungsbefreiend ist erst die Erfüllung von Prüf- und Hinweispflichten oder die konkrete Unzumutbarkeit im konkreten Einzelfall und nicht schon die Ursache in anderen Leistungsbereichen.

Prüfungspflicht Konkretisierung

Inhalt, Umfang und Grenzen der Prüfungspflicht eines Unternehmers ergeben sich aus dem Grundsatz der Zumutbarkeit mit Rücksicht auf die konkreten Umstände des Einzelfalls. Primär ist das vom Unternehmer zu erwartende Fachwissen; weiter ist auf die Umstände abzustellen. Der Unternehmer hat zu prüfen und ggf. geeignete Erkundigungen einzuholen, wenn die Tauglichkeit seiner Leistung von Vorleistungen anderer Unternehmer und von Planungen abhängt oder von gestellten Stoffen. Prüfungsgegenstand ist, ob diese Vorgaben für das eigene Werk tauglich sind (BGH, 08.11.2007, VII ZR 183/05, BauR 2008, 344, 349).

Mängelrüge

Die Anforderungen an die Mängelrüge sind nicht hoch. Die Rechtsprechung verlangt vom Auftraggeber lediglich die Bezeichnung der körperlichen Mängel. Angaben zur Ursache oder zu den sonstigen Hintergründen werden nicht verlangt; auch eine Zurechnung zulasten eines Baubeteiligten ist nicht geboten. Die Mängelrüge muss jedoch das äußere Mangelbild beschreiben und ausreichend klar lokalisieren. Die Mängelrüge muss den Mangeltatbestand, also das Mangelbild, so beschreiben, dass der Auftragnehmer weiß, wo er nachbessern soll. Der Unternehmer braucht die Mängel nicht zu suchen. Grundsätzlich gilt demnach, dass mit der Bezeichnung der Mangelerscheinung, die ausreichend lokalisiert wird, die Mängelrüge ordnungsgemäß erhoben worden ist. Die wirklichen Ursachen für die Mangelerscheinungen braucht der Auftraggeber nicht zu bezeichnen, weswegen auch insoweit vorliegende Fehlgriffe bedeutungslos sind (BGH, BauR 1999, 391); sie können freilich dazu führen, dass die Rüge gegenüber einem gar nicht verantwortlichen Unternehmer erhoben wird und damit ihre Wirkung nicht auszulösen vermag. Denn die der schriftlichen Mängelrüge nach § 13 Abs. 5 VOB/B zukommende verjährungsfristverlängernde Wirkung kommt ihr nur dann zu, wenn sie dem richtigen Unternehmer gegenüber erhoben worden ist.

Verjährungsrechtliche Folgen der Mängelrüge

Die Mängelrüge hat nach BGB keinerlei Wirkungen auf den Lauf der Verjährungsfrist, die bei Bauwerken gemäß § 634a Abs. 1 Nr. 2 BGB fünf Jahre beträgt. Demgegenüber beträgt die Verjährungsfrist für Arbeiten an einem Grundstück nach § 634a Abs. 1 Nr. 1 BGB zwei Jahre. Die Frist rechnet sich jeweils ab der rechtsgeschäftlichen Abnahme.

Die schriftliche Mängelrüge hat bei einem VOB-Bauvertrag erhebliche Auswirkungen auf den Lauf der Verjährung. Die Verjährungsfrist beträgt in Abweichung vom BGB bei Bauwerken, die nicht unter § 13 Abs. 4 Nr. 2 VOB/B fallen, vier Jahre. Die schriftliche Mängelrüge setzt einen neuen Fristenlauf von zwei Jahren in Gang, der jedoch nicht vor Ablauf der vierjährigen Verjährungsfrist endet. Haben die Parteien eine abweichende Verjährungsfrist bestimmt, z.B. von fünf Jahren, gilt nach der Regelung des § 13 Abs. 5 Satz 2 VOB/B ausdrücklich dasselbe. Die VOB/B weist deshalb der schriftlich erhobenen Mängelrüge ihre die Verjährungsfrist verlängernde Wirkung auch dann zu, wenn die Parteien eine von der Regelverjährungsfrist von vier Jahren abweichende Vereinbarung getroffen haben.

Wird der Auftragnehmer auf diese Mängelrüge hin tätig und stellt er Untersuchungen und Feststellungen an, wird der Lauf der Verjährungsfrist nach § 203 BGB gehemmt. Ausdrücklich darauf zu verweisen ist, dass die VOB/B in § 13 Abs. 5 zudem die Abnahme der Mängelbeseitigungsarbeiten vorsieht und mit dieser Abnahme erneut der Beginn einer zweijährigen Verjährungsfrist zu laufen beginnt. Allerdings formuliert Satz 3, dass diese weitere Frist nur für die Mängelbeseitigungsleistungen gilt. Der BGH hat die Auswirkungen der Symptomtheorie jedoch davon abweichend formuliert. Danach gilt diese Frist auch für solche Mängel, die auf dieselben Ursachen zurückzuführen sind. Deshalb ist Vertragsparteien dringend zu empfehlen, eine Abnahme von Mängelbeseitigungsarbeiten herbeizuführen, also ein schriftliches Abnahmeprotokoll zu erstellen. Ansonsten bestehen erhebliche Unsicherheiten darüber, wann die durch Vornahme der Mängelbeseitigungsarbeiten nach § 203 BGB begründete Hemmungswirkung endet (vgl. BGH, 25.09.2008, VII ZR 32/07, BauR 2008, 2039).

1/1 Untersuchung des Zustands

Untersuchungsmethoden

Gebräuchliche Methoden

Zwischen zerstörungsfreien, zerstörungsarmen und zerstörungsintensiven Untersuchungsmethoden ist zu unterscheiden. Die Gebäudediagnostik hat sich zu einer eigenständigen Disziplin entwickelt (vgl. Bauphysik-Kalender 2012). Allgemein bekannte und gebräuchliche Untersuchungsmethoden zur Feststellung eines Mangels sind z.B.:

- optische Beobachtungen (z.B. über die Entwicklung von Rissen)
- Nachmessen von Längen, Breiten, Höhen, Tiefen, Winkeln etc. (auch über einen längeren Zeitraum, um z.B. festzustellen, ob ein Bauteil Bewegungen erfährt)
- Nachberechnungen (z.B. in statischer Hinsicht)
- Festigkeitsprüfungen (z.B. Druck- und Zugproben)
- Baustoffentnahme und -untersuchung
- Betondeckung: Mit Eisensuchgeräten kann die Einhaltung der erforderlichen Betondeckung bei Stahlbetonbauten geprüft werden; eine Abnahme ohne den Einsatz eines solchen Geräts sollte es bei solchen Bauwerken nicht geben.
- Feuchtigkeitsmessungen
- Bodenuntersuchungen
- Schallmessungen

Neuere Methoden

Daneben gibt es neuere technische Methoden (z.B. mittels Endoskopie), die insbesondere bei der Feststellung von versteckten Mängeln und Schäden eingesetzt werden. Einen aktuellen Überblick liefern Hillemeier und Taffe in Bauphysik-Kalender 2012, S. 57 ff.). Der Blower-Door-Test kommt in vermehrtem Umfang zur Prüfung der Luftdichtigkeit zur Anwendung. Bis auf die ersten beiden oben genannten Untersuchungsmethoden sind alle nur von Fachkundigen (z.B. Sachverständige oder Labor) durchzuführen. Diesen stehen auch die erforderlichen Geräte zur Verfügung.

Zieht der Unternehmer oder der Bauherr den Sachverständigen als Privatgutachter hinzu, wird es in beratender Absprache zu Festlegungen über den Mitteleinsatz kommen müssen. Denn der Auftraggeber will in etwa wissen, welche Kosten auf ihn zukommen; andererseits besteht Aufklärungsbedarf darüber, welche Untersuchungsergebnisse mit welchen Methoden zu erwarten sind und was angesichts des konkreten Mangelfalls zur Aufklärung der Ursachen geboten ist. Der Privatgutachter muss auf eine sorgfältige Dokumentation bedacht sein und weiter darauf, den Auftraggeber über die verschiedenen Methoden und ihren damit verbundenen Erkenntnisgehalt aufzuklären und zu beraten. Da ein von einem Privatgutachter beratener Auftraggeber die Untersuchungsergebnisse zum Ausgangspunkt zu treffender Entscheidungen machen wird, ist die Beratung über die Ergebnisrisiken dringend geboten. Der Privatgutachter muss auch bedenken, dass er im Fall eines späteren Rechtsstreits als sachverständiger Zeuge in Betracht kommen kann (§ 414 ZPO). Deshalb ist die abgesicherte Dokumentation der Untersuchungsmethoden und Untersuchungsergebnisse von erheblicher Bedeutung.

Achtung auf Versicherung

Kommt ein Versicherungsfall in Betracht, sollte die Versicherung möglichst frühzeitig eingeschaltet werden. Denn die Versicherung kann mit ihren Fachleuten technischen und rechtlichen Rat erteilen; sie bietet auch Rechtsschutz, indem der fragliche Fall aus rechtlicher Sicht aufbereitet wird.

1/2 Dokumentation des Schadensbilds und des Schadensvorgangs

Dokumentationsmethoden und -inhalte

Zustandsbeschreibung

Die Untersuchung des Mangel- bzw. Schadenszustands hat meist wenig Wert, wenn nicht der Zustand zur späteren Überprüfung und fachkundigen Beurteilung und Auswertung dokumentarisch gesichert wird. Oft ist es auch so, dass bei notwendigen Sofortmaßnahmen das Schadensbild nachträglich nicht mehr festgestellt werden kann. Auch können Hinweise auf mögliche Ursachen verschwinden (die durchnässte Wand trocknet aus). Deshalb ist es erforderlich, das entdeckte Schadensbild zu dokumentieren, z.B. durch:

- Aufzeichnung von Beobachtungen
- Eintragung in den Plänen
- Herstellen von Skizzen und Zeichnungen (Schadens- bzw. Mangelkartierung; Schadstellenplan)
- Anfertigung von fotografischen Aufnahmen
- digitale Fotografie
- Videoaufnahmen
- Aufzeichnung der Messwerte
- Sicherung von Proben unter exakter Angabe der Entnahmestelle
- ggf. Aufzeichnungen von Zeugenaussagen über den Ereignisablauf

- Feststellungen bezüglich Baustoffeigenschaften durch Prüfungen (z.B. Druckfestigkeit, Abreißfestigkeit, Zusammensetzung)
- Vergleich mit Rückstellproben und/oder Probeflächen (= Gewährleistungsflächen)

Sicherung späteren Zugriffs

Dabei geht es um die Reproduzierbarkeit und um die Nachweismöglichkeit. Ein fachkundiger Dritter soll in die Lage versetzt werden, anhand der Unterlagen Schlussfolgerungen ziehen zu können. Das betrifft insbesondere bei einem Rechtsstreit einen eingeschalteten Gerichtsgutachter, der anhand des ihm zur Verfügung gestellten Materials Bewertungen vornimmt und z.B. Vergleiche mit den eigenen Feststellungen zieht. Mangel- und Schadensbilder sind dabei so zu beschreiben, dass auch dem technischen Laien die maßgebliche Abweichung vom technisch richtigen Sollzustand einleuchtet. Kommt die digitale Fotografie zum Einsatz, sind Bearbeitungsvorgänge zu erläutern; am besten wird neben das „bearbeitete Foto" das unbearbeitete positioniert, um die Unterschiede zu erkennen. Die Dokumentationsqualität des Fotos muss gesichert werden.

Die Bewertungskriterien, technischen Normen, anerkannten Regeln der Technik, Merkblätter, Verarbeitungsrichtlinien und sonstigen einschlägigen technischen Kriterien zur Beurteilung des Mangels/Fehlers wie auch solche Normen, die bei der Untersuchung und Prüfung zu beachten sind, sind nachvollziehbar und prüfbar anzugeben.

Denn das Schadensbild/der Schadensvorgang wird dem technischen Laien erst dann plastisch und nachvollziehbar, wenn der Regel-/Normalzustand dargestellt wird. Wird im Rahmen der Feststellungen ein

Sachverständiger zugezogen, hat dieser sorgfältig auf eine aussagekräftige Dokumentation zu achten. Beweise sind zu sichern, um Beweisvereitelungsvorwürfe zu vermeiden (vgl. BGH, 23.10.2008, BauR 2009, 237). Diese Dokumentationsaufgabe (vgl. auch OLG Brandenburg, BauR 2008, 1922) steht bei einem Sachverständigen, der als Privatgutachter hinzugezogen wird, auch in folgendem Zusammenhang: Ein Privatgutachter kann nach § 414 ZPO sachverständiger Zeuge werden. Als solcher ist es vorteilhaft, wenn auf aussagekräftige Unterlagen zurückgegriffen werden kann. Wenn dessen Aufgabe auch lediglich darin besteht, die von ihm festgestellten Tatsachen mitzuteilen, und der sachverständige Zeuge für die Bewertung dieser Feststellungen nicht das geeignete Beweismittel ist (BGH, 09.10.2013, VIII ZR 224/12, NJW 2013, 3570), bilden die sachkundig getroffenen Feststellungen doch eine wichtige Grundlage für die Aufhellung eines streitigen Sachverhalts. Im Einzelfall kann aus einem sachverständigen Zeugen auch ein „Gerichtsgutachter" werden, nämlich dann, wenn an ihn Bewertungs- und Beurteilungsfragen gestellt werden, der sachverständige Zeuge also nicht lediglich Tatsachen bekunden, sondern insbesondere fachtechnische Schlussfolgerungen ziehen soll.

Mit der Zustandsbeschreibung allein wird es auch in Zukunft nicht getan sein. Die Folgen des Mangels/Schadens müssen mitbedacht werden: Wird die Gebrauchstauglichkeit/Verwendungseignung der Leistung beeinträchtigt? Wie wirkt sich dies auf das Objekt insgesamt aus? Wird der Wert beeinträchtigt? Welche Auswirkungen hat der Zustand auf die Dauerhaftigkeit, die Instandhaltung (Instandhaltungsintervall, Instandhaltungsaufwendungen), die Betreiberkosten? Das Mangel-/Schadensbild ist nach Aussehen, Ursache und Folgen insgesamt und komplett darzustellen.

1/3 Sonstige Feststellungen

Beurteilungsgrundlagen

Abgrenzung von Verantwortlichkeiten

Planungsfehler können anhand der vorliegenden Planunterlagen festgestellt werden. Gleiches gilt für Ausschreibungsfehler und Anordnungsfehler, soweit die Anordnung schriftlich erfolgte. Schwierigkeiten bereitet stellenweise die Frage, ob ein Detail planungsbedürftig war. Hier kann das technische Regelwerk manchmal eine Hilfe sein. Probleme können sich insoweit ergeben, als die Frage zu beantworten ist, wer die Planungsaufgaben zu erledigen hat, der Planer oder der Unternehmer. Das betrifft Fragen der Verantwortlichkeit. Was Planungs- oder Berechnungsaufgabe ist, wen diese trifft, ist regelmäßig bereits rechtlich besetzt. Die Unterscheidung zwischen einer Ausführungsplanung als Gegenstand der Leistung eines Architekten nach Anlage 10 Leistungsphase 5 der HOAI 2013 und einer Werkstatt- oder Montageplanung ist von einem Sachverständigen zu klären. Das Überprüfen erforderlicher Montagepläne auf Übereinstimmung mit den Ausführungsplänen ist nach Anlage 10 Leistungsphase 5f) eine Grundleistung, wenn ein Zusammenhang mit der geplanten Baukonstruktion und baukonstruktiven Einbauten besteht.

Vergleich Zustand mit Unterlagen

In manchen Fällen ist es angebracht, die getroffenen Feststellungen mit den Vorgaben im Plan oder im Leistungsverzeichnis oder mit den Anordnungen des Auftraggebers zu vergleichen. Sichtbare Mängel und Schäden werden jedoch in aller Regel nicht von den dortigen

Vorgaben gedeckt sein. Anders kann es sein, wenn z.B. bewusst Mängel in Kauf genommen wurden oder solche sogar gewollt sind. Dann liegt zwar objektiv ein Mangel vor, subjektiv aus der Vertragssicht betrachtet jedoch nicht, da der Mangel für den Auftraggeber kein Mangel in der Werkleistung ist. Ein weiteres Vorgehen erübrigt sich. Solche Situationen werden jedoch selten sein; sie setzen die Aufklärung des Bauherrn voraus und – aus Beweisgründen – eine schriftliche Dokumentation des Inhalts, dass der Auftraggeber aufgeklärt wurde und er den Mangel samt Folgen, insbesondere den Nachteilen, über die der Auftraggeber aufgeklärt worden ist, in Kauf nimmt. Ob ein Mangel in Kauf genommen worden ist, ist eine Rechtsfrage. Vorausgesetzt wird letztlich eine „Beschaffenheitsvereinbarung nach unten" (BGH, 29.09.2011, VII ZR 87/11, BauR 2012, 115, 117). Eine solche Reduzierung der Anforderungen liegt nicht schon dann vor, wenn eine vereinbarte Funktionstauglichkeit mit der vertraglich vereinbarten Leistung oder Ausführungsart nicht zu erreichen ist (BGH, 29.09.2011, VII ZR 87/11, BauR 2012, 115, 117). Der Sachverständige kann sich zu Kostenfragen äußern. Aufgabe eines Sachverständigen ist es auch nicht, den rechtlichen Stellenwert von ihm vorgelegten schriftlichen Bedenkenhinweisen zu würdigen, mit deren Hilfe ein betroffener Auftragnehmer den Versuch unternimmt, sich von der Einstandspflicht für einen aufgetretenen Mangel mit Hinweis auf § 13 Abs. 3 VOB/B oder Treu und Glauben freizuzeichnen.

Welche zusätzlichen Maßnahmen sind zu ergreifen?

Bei Auftreten eines größeren, umfangreicheren Schadensfalls sind je nach Ausmaß eventuell Polizei, Feuerwehr, die untere Bauaufsichtsbehörde etc. zu benachrichtigen, welche dann eigene Feststellungen über den Schaden treffen. Bei Personenschäden ist selbstverständlich ein Arzt oder der Rettungsdienst zu verständigen und daneben ggf. Erste Hilfe zu leisten. Gegebenenfalls muss der gefährdete Bereich gesichert und/oder geräumt werden.

1/4 Versteckte Mängel und Schäden

Feststellungsmethoden

Einsatz und Bedeutung von Sachverständigen

Versteckte Mängel werden häufig erst nach längerer Zeit entdeckt. Dies liegt in der Natur der Sache. Bei der Entdeckung solcher Mängel ist meist schon ein mehr oder weniger großer Schaden entstanden. Bei der Entdeckung eines solchen Mangels bzw. Schadens sind dann dieselben Methoden, wie in Kapitel 1/1 und 1/2 beschrieben, anzuwenden.

Schadensumfang

Sind allerdings Zweifel an der Mangelfreiheit einer Leistung aufgetreten oder soll festgestellt werden, ob über den sichtbaren Schaden bzw. Mangel hinaus gleichartige Mängel in größerem Umfang vorliegen, so gestaltet sich deren Feststellung nicht selten äußerst schwierig.

Beispiel

An einer Stelle einer Betondecke wurde eine zu geringe Betonüberdeckung des Stahls festgestellt. Der Beton war an dieser Stelle abgeplatzt.

Die weitere Feststellung, ob nun an anderen Stellen die vorgeschriebenen Mindestwerte der Betonüberdeckung der Stahleinlagen eingehalten sind oder nicht, kann nur durch Bausachverständige, denen Spezialgeräte zur Verfügung stehen, getroffen werden. Dieser Sachverständige hat auch darüber zu entscheiden, wie viele Stellen untersucht werden müssen, um eine gesicherte Aussage treffen zu können.

Oft bleibt nichts anderes übrig, als einzelne Bauteile jedenfalls teilweise zerstörend zu prüfen, um einen versteckten Mangel festzustellen, so z.B. bei vermuteten Leitungsschäden. Dies kann zu umfangreichen Aufwendungen und Kosten führen. Man denke nur daran, dass schon zur Feststellung eines Mangels an der Abdichtung gegen Wasser an den Kelleraußenwänden ein angelegter Garten in Hausnähe aufgegraben werden muss, wenn nicht feststeht, wer der Verursacher des Mangels ist, z.B. entweder der Rohbauunternehmer oder die Abdichtungsfirma.

Beispiel

Eine relativ einfache, aber zeitaufwendige Maßnahme der Feststellung von unzulässigen Hohlräumen in Betonteilen ist das Abklopfen der Oberflächen und die Beurteilung des dabei entstehenden Klangs. Diese Methode wird oftmals von öffentlichen Auftraggebern bei Brückenbauwerken angewandt. Diese „Klopfmethode" wird auch als Prüfungsmethode für vollflächiges Verkleben von Fliesen und Platten verwendet.

Den Ideen und den Entwicklungen auf dem Gebiet der Feststellung versteckter Mängel sind keine Grenzen gesetzt. Mit weitergehender Erforschung der Baumängel und mit zunehmender Technisierung werden sicherlich Methoden entwickelt, welche exakt und relativ kostengünstig sein werden.

Versteckte Mängel, die nach Ablauf der Verjährungsfrist auftreten, werfen die Frage auf, ob eventuell der Tatbestand der arglistigen Täuschung oder eines Organisationsversagens zugunsten des Auftraggebers weiterhilft. Denn in diesen Fällen beurteilt sich der Ablauf der Verjährungsfrist nicht nach den Fristenregeln des Sachmängelrechts (§ 634a BGB), sondern nach dem allgemeinen Verjährungsrecht der §§ 195, 199 BGB (§ 634a Abs. 3 Satz 1 BGB). Das kann Aufgaben für einen Sachverständigen einschließen. So ist die Frage, ob Mängel und Schäden erkennbar waren, eine Tatfrage und deshalb dem Sachverständigenbeweis zugänglich (BGH, 08.10.2009, V ZB 84/09, BauR 2010, 248, 250). Deshalb sind Äußerungen eines Sachverständigen zur Erkennbarkeit von Mängeln nicht belanglos. Zwar ist die Feststellung von Arglist letztlich eine Richteraufgabe, aber unter dem Gesichtspunkt der Erkennbarkeit von Mängeln liegen dieser Wertung durchaus technisch zu beurteilende Sachverhalte zugrunde. Die Frage der Erkennbarkeit von Mängeln und Bauschäden gehört zu den fachlichen Aufgaben eines Bausachverständigen (vgl. BGH, 08.10.2009, V ZB 84/09, BauR 2010, 248, 250). Eine Sachverständigenfrage ist auch, ob ein Auftragnehmer, der eine Leistung arbeitsteilig erstellt, solche organisatorischen Maßnahmen ergriffen hat, die es ihm ermöglichen, im Rahmen der Abnahme den Auftraggeber über unterlaufene Mängel aufzuklären. Dabei geht es darum, dass ein arbeitsteilig tätig werdender Unternehmer seinen Betrieb so zu organisieren hat, dass er sich nicht dem Vorwurf aussetzt, er habe durch die Arbeitsteilung von vornherein verhindert, arglistig zu werden (BGH, 27.11.2008 – VII ZR 206/06, BauR 2009, 515, 517). Das setzt auf der tatsächlichen Ebene Maßnahmen voraus, die sicherstellen, dass der

Herstellungsprozess überwacht wird und Informationen gleichsam von unten – der Herstellungsebene – nach oben – der Leitungsebene – fließen. Ob eine solche Organisation vorliegt, die es dem Unternehmer ermöglicht, beurteilen zu können, ob das Werk bei Ablieferung den Vertragsvereinbarungen entspricht (BGH, 11.10.2007, VII ZR 99/06, BauR 2008, 87), ist einer Begutachtung durch einen Sachverständigen zugänglich. Für eine arbeitsteilige Ausführung genügt, dass ein Dritter das erforderliche Material anliefert. Dieses Material muss auf seine Tauglichkeit geprüft werden (OLG Düsseldorf, BauR 2014, 722, 724).

Mit der Vornahme zerstörender Prüfungen ergeben sich folgende Probleme:

Problempunkt: Stichhaltigkeit der Prüfung

In der Praxis wird häufig die Repräsentanz der Prüfungen bestritten. Aus den wenigen, auf bestimmte Punkte beschränkten Prüfungen könnten Schlussfolgerungen auf die Güte der Leistung insgesamt nicht gezogen werden. Der Gutachter muss dieses Problem beachten, den Auftraggeber darauf hinweisen und insoweit bestehende Untersuchungsregeln berücksichtigen.

Voraussetzungen und wertzerstörende Prüfungen

Die zerstörende Prüfung hinterlässt ihre Spuren. Einmal muss sich der begutachtende Sachverständige überhaupt fragen, ob die zerstörenden Eingriffe, die erst die Begutachtung und Prüfung ermöglichen, Sache des Sachverständigen sind. In der Praxis gehen aus Gründen der Vorsicht und zur Vermeidung von Haftungsrisiken viele Sachverständige dazu über, nur noch die Untersuchungsstelle zu bezeichnen; den Eingriff selbst soll der Auftraggeber durch Fachleute vornehmen lassen (z.B. Bohrkernziehen durch ein Labor, das der Bauherr beauftragt; Öffnen der Dachhaut aus Blech durch einen Handwerker, der Sachverständige bestimmt lediglich die Stelle). Die untersuchte Stelle muss oft wieder sach- und fachgerecht geschlossen werden. Das ist gleichfalls nicht Sache des Sachverständigen, sondern ist Teil der Organisationsaufgabe z.B. des beauftragenden Bauherrn. Im Einzelnen ist maßgeblich, welche Aufgabe ein Sachverständiger übernimmt. Diesbezüglich sollten die Beteiligten ein schriftliches Dokument erstellen, wer welche Aufgaben konkret übernimmt. Stellt er Mängel fest, ist selbstverständlich deren Beseitigung nicht seine Sache, wohl aber hat er dann, wenn seine zerstörenden Maßnahmen Gefahren für die Verkehrssicherheit oder für sonstige Schadenserweiterungen auslösen, dagegen Vorkehrungen zu treffen. Denn wer etwas aufmacht, muss es jedenfalls provisorisch und vorbeugend wieder zumachen, wenn nicht schriftlich abgesichert anderweitige Erledigungszuweisungen vereinbart werden. Da eine zerstörende Prüfung eine Eigentumsverletzung darstellt, muss sich der Sachverständige vergewissern, dass tatsächlich die Zustimmung zur Eigentumsverletzung durch den Eigentümer vorliegt. Gerade bei Wohnungseigentumsanlagen ist zu bedenken, dass über Gemeinschaftseigentum nur die Gemeinschaft und nicht der einzelne Wohnungseigentümer verfügen, also die Einwilligung zur Vornahme der zerstörenden Prüfung vornehmen kann. Wird ein Verwalter tätig, besteht Absicherungsbedarf dahin, ob ein Beschluss der Wohnungseigentümergemeinschaft vorliegt.

Rechtsprobleme um die Untersuchung und deren Folgen

Rechtlich gesehen sind hinsichtlich der Untersuchungsmethoden für versteckte Mängel die technischen Probleme nicht so entscheidend. Aus rechtlicher Sicht ergeben sich bezüglich versteckter Mängel *folgende Handlungsgebote* für Unternehmer wie auch untersuchende Gutachter:

Handlungsgebote für die Untersuchung

1. Die Untersuchung geht von der sichtbaren Mangelerscheinung aus.
2. Die Untersuchung spürt die wahren Ursachen und damit den eigentlichen Mangel, den Mangel selbst, auf.
3. In welchem Umfang aufgrund dieses *eigentlichen Mangels* am fraglichen Objekt *versteckte,* aber eben doch *wahre Mängel* vorhanden sind, ist rechtlich gesehen gar nicht so dringend. Aus technischer Sicht werden freilich Art und Weise der Mängelbeseitigung wie auch der Leistungsumfang bestimmt.
4. Die *Verjährungshemmung* oder *Verjährungsunterbrechung* durch Mängelrüge, Mangelbeseitigung, Prüfung, selbstständiges Beweisverfahren oder Vorschussklage knüpfen nämlich dem Umfang nach nicht an der *bloßen Mangelerscheinung,* sondern am *eigentlichen Mangel, also der wahren Ursache,* an.
5. Das bedeutet: Auch für die versteckten Mängel, deren Ursache mit der der bereits offenkundig gewordenen Mangelerscheinung identisch ist, gilt im Fall der schriftlichen Mängelrüge und einem VOB-Bauvertrag die neue verlängerte Verjährungsfrist.
6. *Praxiskonsequenz:* Diese neue Frist ist zu berechnen, vor deren Ablauf muss das Objekt daraufhin überprüft werden, ob neue Mängel sichtbar geworden sind, oder es müssen Untersuchun-

gen angestellt werden, um solchen versteckten Mängeln auf die Spur zu kommen.

7. Vielleicht gelingt es der Technik, auch *Prognosen dafür zu entwickeln,* innerhalb welcher Zeit der Mangel selbst als Ursache für die bisher gerügten Mangelerscheinungen zu weiteren sichtbaren Mängeln führen kann. Der Prognosezeitraum bestimmt dann auch den Untersuchungszeitraum.

Begründung

Untersuchung – Folgen für die Verjährung

Verjährungsfrist und wahre Ursache

Insoweit ist ausschlaggebend, dass die sichtbare Mangelerscheinung zwar Anlass für verjährungsunterbrechende und verjährungshemmende Maßnahmen sein kann, dass der Umfang der Hemmung oder Unterbrechung sich aber am Mangel selbst orientiert. Dies ist das Ergebnis der Rechtsprechung, wie in Kapitel 1/1, unter Verweis auf die Fundstellen, dargestellt wurde.

Diese Rechtsprechung hat insbesondere für die *verjährungsrechtliche Beurteilung der versteckten Mängel* enorme Auswirkung. Sie werden auch Veranlassung sein, den technischen Untersuchungsbedarf zur Ermittlung der wahren Ursachen für sichtbare Mangelerscheinungen zu intensivieren.

Wenn die Rechtsprechung (BGH, ZfBR 1989, 215) betont, es sei und ist Aufgabe eines Unternehmers, den erforderlichen Umfang und die Art der Nachbesserung der Mängel und nicht nur der Erscheinungsformen dieser Mängel in eigener Verantwortung an Ort und Stelle zu klären, wird deutlich, dass sich der Unternehmer praktisch auch auf die Ursachenforschung hinsichtlich bisher noch versteckter Mängel zu begeben hat. Kann er mangels ausreichenden Sachverstands oder fehlender Gerätschaften dies nicht selbst leisten, hat er Fachleute einzusetzen.

Welche Konsequenzen sich aus Versäumnissen ergeben, ist höchstrichterlich noch nicht geklärt.

Die Nachbesserung oder Nacherfüllung (§ 635 BGB, § 13 Abs. 5 Nr. 1 VOB/B) kann deshalb ihrerseits mangelhaft ausfallen, was innerhalb der laufenden Gewährleistungsverpflichtung die erneute Pflicht zur Mängelbeseitigung auslösen kann. Wird der gesamte Umfang der Mangelsituation nicht entdeckt, verlängert sich insoweit die Verjährungsfrist durch die ausgeführten Nachbesserungsarbeiten, wenn Identität in der Ursache für die Mängel bejaht werden kann. Der Fall einer Schadensersatzverpflichtung nach § 280 Abs. 1 BGB und § 281 Abs. 1 BGB wegen Schlechtausführung der Mängelbeseitigung ist gleichfalls in Erwägung zu ziehen.

1/5 Prüfung des Werks und Freigabe der Sachmangelsicherheit

Aufgabe des objektbetreuenden Planers (Anlage 10 Leistungsphase 9c) HOAI 2013)

Die Neufassung der VOB/B führt seit 2002 nach § 17 Abs. 8 Nr. 2 VOB/B dazu, dass der Architekt grundsätzlich dafür sorgen sollte, dass die Vorhaltung der Sachmangelsicherheit vertraglich über die gesamte Verjährungsfrist gesichert ist. Ansonsten muss nämlich die Sicherheit bereits nach Ablauf von zwei Jahren freigegeben werden, wenn keine Mängel vorhanden sind. Das führt bei § 17 Abs. 8 VOB/B zu einer kostenintensiven Doppelprüfung mit einer besonderen Verantwortung bei beabsichtigter Freigabe der Sicherheit nach Ablauf von zwei Jahren gerade hinsichtlich des eventuellen Vorliegens von versteckten Mängeln. Das bedingt auch absolute Klarheit darüber, mit welchen Methoden ein Sachverständiger vor Ablauf der Zweijahresfrist die Werkleistung auf ihre Mangelfreiheit zu untersuchen hat.

Diese Aufgabe trifft einen Planer dann, wenn die Leistungsphase 9 der Anlage 10 zur HOAI 2013 Leistungsinhalt ist. Die Mitwirkung bei der Freigabe von Sicherheiten ist die dritte der in der Leistungsphase 9 gelisteten Grundleistungen. Ein Architekt, dessen Werk mit der Erledigung der Leistungsphase 8 – Objektüberwachung – abgeschlossen ist, hat mit der Freigabe von Sicherheiten nichts zu tun. Dem Architekten ist dringend zu empfehlen, eine Vereinbarung darüber zu treffen, welche Prüfungsmethoden eingesetzt werden, um die Sachmangelfreiheit zu prüfen. Aus der HOAI selbst, also der Anlage 10, Leistungsphase 9c), können keine Folgerungen abgeleitet werden.

Grundlage für die Bestimmung dessen, was diesbezüglich von einem Architekten zu leisten ist, ist der Architektenvertrag. Dieser ist bei – wie gewöhnlich festzustellendem Schweigen – auszulegen. Man wird insoweit denselben Maßstab anzulegen haben, den der Planer im Rahmen der Objektüberwachung einzuhalten hat. Angesichts dieser bestehenden Unsicherheiten ist dem Architekten eine Vereinbarung über die Art und Weise der vorzunehmenden Prüfung dringend anzuraten.

2 Vorgehensweisen

2/1 Sichtung von Unterlagen

Bautagebuch und Dokumentation

Grundsätzlich sollten von allen Baubeteiligten Bautagebücher geführt werden, wenn das auch manchmal zusätzlichen Aufwand und Erschwernis darstellt. In manchen DIN-Vorschriften sind Aufzeichnungspflichten vorgegeben, so z.B. in DIN 1045 Abschnitt 3 und Abschnitt 4. Durch die Bautagebücher können viele Geschehnisse am Bau rekonstruiert werden. Oftmals lässt sich so ein Konflikt vermeiden. Insoweit wird sich in Zukunft infolge der Rechtsprechung über die Pflicht des Unternehmers zur Schaffung organisatorischer Strukturen zur Mangelvermeidung und -entdeckung einiges ändern. Die Dokumentationsaufgabe wird deshalb und auch aus vertragsrechtlichen Gründen einen wesentlichen höheren Stellenwert erhalten. Das trifft auch auf den Architekten zu. Hinzuweisen ist auf die letzten Arbeitsschritte in den Leistungsphasen 1 bis 3 der Anlage 10 zur HOAI 2013, wonach jeweils die Ergebnisse zusammenzufassen, zu erläutern und zu dokumentieren sind. Zu seinen Aufgaben gehört es, den Bauherren eine Dokumentation über den Bau zur Verfügung zu stellen. Ein Bauherr hat nämlich regelmäßig ein Interesse an solchen dokumentierten Arbeitsschritten, die es ihm ermöglichen zu überprüfen, ob ein Architekt den geschuldeten Erfolg vertragsgemäß bewirkt hat, und ihn – den Auftraggeber – in die Lage versetzen, etwaige Sachmängelansprüche gegen Unternehmer und den Architekten selbst durchzusetzen und Instandhaltungs- und

Wartungsmaßnahmen zu planen. In der Praxis mehren sich die Fälle, in denen der Unternehmer dem Auftraggeber gegenüber vertraglich verpflichtet wird, laufend Qualitätssicherungsnachweise über die ausgeführte Baumaßnahme zu liefern, soweit hierfür messtechnische Möglichkeiten bestehen. In manchen Verträgen wird vom Vorliegen dieser schriftlichen Unterlagen die rechtsgeschäftliche Abnahme abhängig gemacht.

Eigenüberwachung

In sensiblen Bereichen geben Eigenüberwachungsregeln dem Unternehmer auf, bestimmte Bedingungen schriftlich festzuhalten (z.B. Temperatur, Luftfeuchte, Bauteiltemperatur, Ergebnisse von Messungen, die bei Vollendung eines bestimmten Leitungsumfangs ausgeführt werden müssen). Die einzelnen einschlägigen Technikregeln sind daraufhin zu prüfen. Für den Bereich der Betonerhaltung und -instandsetzung ist auf die Instandhaltungsrichtlinie des Deutschen Ausschusses für Stahlbeton zu verweisen.

Aufbewahrungsfristen

Sämtliche während der Bauzeit angefallenen schriftlichen Unterlagen sind aufzubewahren. Dies gilt insbesondere auf Seiten des AN für alle Schreiben an den Vertragspartner, aber auch z.B. von Lieferscheinen etc., mit denen später z.B. der Beweis über eine bestimmte bestellte Betonsorte geführt werden kann. Die Aufbewahrungszeit sollte nicht nur fünf Jahre betragen, wie in technischen Regeln stellenweise enthalten. Eine Aufbewahrungsfrist von zehn Jahren ist zu erwägen.

Im Übrigen ist dringend zu raten, alle Anordnungen, Hinweise, Bedenken, Änderungen, Einigungen der Baubeteiligten etc. schriftlich zu fixieren, um im Fall eines Rechtsstreits nicht in Beweisnot zu geraten. Bei Auftreten des Mangel- bzw. Schadensfalls kann auf solche Aufzeichnungen zurückgegriffen und ggf. das weitere Verhalten beeinflusst werden. Liegt dem AN z.B. eine schriftliche Haftungsfreistellung bezüglich einer bestimmten Art und Weise der Bauausführung vor, so wird er bei einem Mangel an dieser Arbeit nur dem AG mitteilen, dass er nicht haftet. Falls ein Schaden aufgrund eines Planungsfehlers eingetreten ist, kann der AN sofort ermitteln, dass er gegen die geplante Art und Weise der Ausführung Bedenken angemeldet hat und somit von der Haftung befreit ist.

Erste Informationen wird oder kann sich der Baubeteiligte aus Büchern, Zeitschriften, dem Internet etc. holen. Der berufsmäßig mit dem Bau Beschäftigte hat in der Regel solche Informationen zur Hand, so im technischen Bereich DIN-Vorschriften, Merkblätter, Verarbeitungshinweise und dgl. mehr, im juristischen Bereich Gesetzes- und VOB-Texte sowie rechtliche Ratgeber. Technische und rechtliche Expertensysteme, die neue Speichermedien einsetzen, erobern zunehmend den Markt (vgl. z.B. Arconis, Informationszentrum RAUM und BAU der Fraunhofer-Gesellschaft, Nobelstraße 12, 70569 Stuttgart).

Dem Privatmann ist der Zugang zu diesen speziellen Informationsquellen weitestgehend verschlossen, will er sich nicht für seinen vielleicht einzigen Bau eine spezielle Bibliothek mit Baufachliteratur anschaffen. Doch sind auch mehr oder weniger ausführliche Ratgeber für den privaten Bauherrn auf dem Markt. Zudem kann vieles über Suchmaschinen aus dem Internet geholt werden.

Durch Bautagebücher, sonstige schriftliche Aufzeichnungen und die Schreiben an Vertragspartner oder den Architekten etc. kann das Erinnerungsvermögen von evtl. später in einem Rechtsstreit benötigten Zeugen erheblich aufgefrischt werden. Aufzeichnungen stellen weiterhin eine wertvolle Hilfe für die Rechtsanwälte in einem evtl. zu führenden Rechtsstreit dar.

2/2 Einholung von Auskunft und/ oder Rat

Informationsquellen und -möglichkeiten

Einschaltung von Fachleuten

Oftmals wissen die Baubeteiligten nicht, was nach der Entdeckung eines Mangels oder Schadens zu tun ist und wie sie sich im Augenblick weiter zu verhalten haben. In diesem Fall können schnelle Auskünfte telefonisch bei vielen Institutionen eingeholt werden. Es muss allerdings darauf hingewiesen werden, dass solche telefonischen Auskünfte in der Regel unverbindlich sind und auch nicht immer einen hundertprozentigen Anspruch auf Richtigkeit erheben können. In einem Mangelfall kann fern vom Objekt und abstrakt eine zuverlässige Auskunft, die den konkreten Fall betreffen soll, auch kaum gelingen.

Öffentliche Auftraggeber

Der öffentliche Auftraggeber wendet sich an seine Fachbehörde, soweit vorhanden, oder an sonstige Einrichtungen, z.B. die Gemeinden an den Gemeindetag, oder die Bauämter, die für solche Auskünfte zur Verfügung stehen. Diese Ansprechstellen sind in der Regel jeweils bekannt, so dass hier nicht näher darauf eingegangen werden muss.

Auftraggeber wie Banken und Versicherungen, größere Firmen, haben in der Regel ihre eigenen Rechts- und Sachverständigenabteilungen oder solche Abteilungen bei zentralen Stellen bzw. enge

Beziehungen zu Anwälten und freien Sachverständigen. Diesen Baubeteiligten fällt es meist nicht schwer, schnellstens zu entscheiden, was im Schadens- bzw. Mangelfall vorzusehen ist und wie sie vorzugehen haben.

Der private Auftraggeber

Der private Bauherr hat es diesbezüglich ungleich schwerer. Es liegt nahe, dass er sich in erster Linie erst an seinen beauftragten Architekten wendet, wenn er einen solchen eingeschaltet hat. Dies gilt insbesondere bei Ausführungsmängeln. Bei Planungsfehlern wird dessen Rat oder Auskunft naturgemäß nicht immer objektiv sein. Gleiches gilt für die vom AG beauftragten Sonderfachleute. Der beauftragte Architekt ist im Rahmen seines Werkvertrags mit dem AG verpflichtet, diesem mit Rat und Hilfe beizustehen und dessen Interessen so weit wie möglich wahrzunehmen. Der Planer ist dabei auch hinsichtlich der eigenen Fehler aufklärungspflichtig. Bei Verletzung dieser Pflicht ist die Berufung auf die Verjährung ausgeschlossen. Diese Folge wird mit der sog. sekundären Haftung eines Architekten verknüpft, der infolge seines Auftragsumfangs als Sachwalter des Auftraggebers bezeichnet wird (BGH, 28.07.2011, VII ZR 4/10, BauR 2011, 1840; BGH, 23.07.2009, VII ZR 134/08, BauR 2009, 1607).

Soweit der private AG nicht einen Hausanwalt seines Vertrauens hat, der ihn regelmäßig vertritt und ihm rechtlichen Rat zur weiteren Vorgehensweise geben kann, gibt es, soweit ersichtlich, keine Stellen und Institutionen, die dem Privatmann kostenfrei zur Beurteilung des weiteren Vorgehens mit Rat und Auskunft zur Seite stehen. Allenfalls wäre hier noch an Verbraucherzentralen und Verbraucherverbände zu denken. Auch die örtlichen Handwerkskammern können ggf. Tipps und Hilfe geben und evtl. sogar vermittelnd tätig werden, soweit keine Rechtsberatung im Raum steht und handwerkliche Interessen nicht beeinträchtigt werden. Sie können jedoch dem privaten AG – und nicht nur diesem – zumindest bei Bedarf die Namen und Anschriften von öffentlich bestellten und vereidigten Sachverständigen, auch für Spezialgebiete, nennen. An diese kann sich dann der private AG – allerdings kostenpflichtig – in Bezug auf technische Probleme wenden.

Gleiche Auskünfte können auch die zuständige Industrie- und Handelskammer und die Innungen erteilen. Auskünfte und Rat für das weitere Vorgehen im Schadensfall können und werden diese Stellen dem privaten AG jedoch nicht erteilen, da sie reine Interessenvertretungen der Bauindustrie (Industrie- und Handelskammer) bzw. des Handwerks (Innungen) sind und sie in den meisten Fällen gegen die Interessen der von ihnen betreuten Mitglieder verstoßen würden. Rat und Auskunft in technischer Hinsicht können weder Handwerkskammer noch Industrie- und Handelskammer noch die Innungen erteilen, da sie in den seltensten Fällen mit Technikern besetzt sind.

Dem privaten AG bleibt somit oft nur der Weg zum Bausachverständigen und zum Rechtsanwalt, der dann – allerdings kostenpflichtig – seine Interessen vertritt und über das weitere Vorgehen entscheidet, z.B. Einleitung eines selbstständigen Beweisverfahrens. Im Vorfeld leisten Suchmaschinen im Internet zum Teil wertvolle Hilfe.

Der Architekt

Der Architekt kann sich zur Entscheidungshilfe bezüglich seines weiteren Vorgehens im Schadens- bzw. Mangelfall an seinen

Architektenverband wenden, der ihm mit Rat und Auskunft zur Seite steht. Auch die zuständige Architekten-/Ingenieurkammer, die Interessenvertretung aller Architekten/Ingenieure, kann weiterhelfen. Weitere Ansprechpartner sind, ebenso wie bei allen anderen Baubeteiligten, die Sachverständigen und in rechtlicher Hinsicht die Rechtsanwälte. Zur Beurteilung bautechnischer Probleme stehen z.B. auch die einschlägigen Hochschulinstitute, die amtlichen Materialprüfungsanstalten u.a.m. zur Verfügung. Schließlich wird der Architekt/Ingenieur einen von ihm verursachten Schaden oder Mangel seiner Haftpflichtversicherung melden und dort um Auskunft und Rat ansuchen. Denn primäre Aufgabe der Berufshaftpflichtversicherung eines Architekten ist die Abwehr von Ansprüchen gegen den Versicherungsnehmer.

Der Auftragnehmer

Dem Auftragnehmer (Handwerker) stehen zur Einholung von Rat und Auskunft die Handwerkskammer und die zuständigen Innungen im Rahmen ihrer Mitgliedsbetreuung zur Verfügung. Dort können die Auftragnehmer hauptsächlich rechtliche Auskünfte einholen. Rat in technischer Hinsicht können sie von dort nur in beschränktem Umfang erhalten, da diese Institutionen selten mit Bautechnikern besetzt sind. Ausnahmen bestehen da, wo z.B. an die Innung ein Ausbildungszentrum angeschlossen ist. Ansonsten verbleiben nur die bereits aufgeführten Institute und die Sachverständigen. Sollte schließlich ein Schaden an einer fremden Sache (z.B. Nachbarzaun) oder an einem anderen Gewerk vom Auftragnehmer verursacht worden sein, wird er dies seiner Haftpflichtversicherung (Betriebshaftpflichtversicherung) melden und dort entsprechende Auskünfte einholen.

Einschaltung des Produktherstellers

Sowohl die Planer als auch die Unternehmer sollten bei materialspezifischen oder ausführungsspezifischen Details auch überlegen, den Service des Produktherstellers zur Hilfestellung und Beratung zuzuziehen. Das entspricht dem Umstand, dass der Hersteller sich auch oft im Rahmen der Ausführung durch Produktempfehlung, Ausführungsberatung und ähnliche Serviceleistungen einbringt. Im Mangel-/Schadensfall liegt es dann nahe, die Umstände auch dem Servicefachmann des Herstellers zur Beurteilung zu überlassen und ihn zu einer Objektbesichtigung hinzuzuziehen. Die Fachleute des Herstellers verfügen über eine große Erfahrung, sind oft in der Lage, die Ursachen sachgerecht einzuschätzen und können fundierte Mängelbeseitigungsvorschläge unterbreiten.

Ist der Produkthersteller vom Architekten oder vom Unternehmer im Rahmen der Planung oder vom Unternehmer im Rahmen der Planung oder Ausführung zu Rate gezogen worden, sollten sich die Baubeteiligten nicht scheuen, den Servicefachmann auch im Mangelfall hinzuzuziehen.

2/3 Sofortige Behebung des Mangels bzw. des Schadens

Dokumentationsbedarf

Bei weniger gravierenden Mängeln ist es für alle Baubeteiligten oftmals die wirtschaftlich günstigste Regelung, einen entdeckten Mangel bzw. Schaden sofort zu beheben, ohne lange Überlegungen über Mangelursache, Zurechnung, Vertreten müssen etc. anzustellen. Da wegen der Komplexität des Bauwerks an einem Mangel bzw. Schaden nicht selten mehrere AN und der Planer, oft auch der AG selbst, beteiligt sind, sind einvernehmliche Beseitigungsmaßnahmen, bei denen jeder in Verdacht stehende Baubeteiligte einen Teil der erforderlichen Kosten übernimmt, auf lange Sicht betrachtet wirtschaftlich die einfachsten und besten Methoden des Vorgehens. Das setzt selbstverständlich Einvernehmen über die Art und Weise der Mängelbeseitigung wie auch über die Quote voraus. Wer was auf wessen Kosten in welcher Höhe erledigt, muss schriftlich festgehalten und von allen Beteiligten unterschrieben werden. Die Einigung sollte unbedingt schriftlich abgefasst und unterschrieben werden. Bloße Aktenvermerke sind nutzlos. Es schadet nicht, wenn die einvernehmliche Regelung festhält, dass damit die Anerkennung einer Rechtspflicht nicht verbunden ist, also eine Vereinbarung ohne Anerkennung einer Rechtspflicht erfolgt. Für den Fall des Scheiterns der Mangelbeseitigung sollte eine Regelung getroffen werden. Der Auftraggeber muss wissen, dass mit einer solchen ohne Anerkennung einer Rechtspflicht getroffenen Vereinbarung eine verjährungsunterbrechende Wirkung (§ 212 Abs. 1 Nr. 1 BGB) nicht verbunden ist. Das würde eine Mangelbeseitigung voraussetzen, die gerade im

Bewusstsein einer diesbezüglich bestehenden Verpflichtung erfolgt (BGH, 23.08.2012, VII ZR 155/10, BauR 2012, 1789). Lediglich eine Verjährungshemmung nach § 203 BGB ist damit verbunden.

Dazu gehört natürlich ein gehöriges Maß von Vertrauen zwischen allen Baubeteiligten, welches in letzter Zeit gerade zwischen Architekten und Ausführenden häufig nicht mehr vorzuliegen scheint. Durch eine einvernehmliche sofortige Schadensbeseitigung wird das zwischen den Baubeteiligten bestehende Vertrauen nicht nur aufrechterhalten, sondern sogar verstärkt. Evtl. später auftretende Konflikte lassen sich leichter lösen oder treten gar nicht erst auf. Die alte Weisheit „Bauen ist Vertrauenssache" hat gerade in der heutigen Zeit ihre Bedeutung nicht verloren.

2/4 Vermeidbarkeit von weiteren Schäden

Gebot zur Schadensminimierung

Berücksichtigung von Kostenaspekten

Unabhängig von der weiteren Vorgehensweise ist danach zu trachten, bei Entdeckung eines Mangels bzw. Schadens „Soforthilfemaßnahmen" zu treffen. Der Entdecker eines Mangels bzw. eines Schadens hat – soweit möglich und überhaupt erforderlich – tunlichst Vorkehrungen zu tätigen, die vermeiden, dass aus einem Mangel ein Schaden entsteht oder ein bereits entstandener Schaden größer wird.

Beispiel

Der AG oder dessen Architekt bemerkt anlässlich einer Baubesichtigung des im Rohbau fertig gestellten Hauses, dass sich die frei austragende Balkonplatte aus Beton gesenkt hat. Am Anschluss der Platte ans Haus ist ein feiner Riss zu erkennen. Auf dem Balkon sind vom Dachdecker etliche volle Paletten mit Dachziegeln gelagert.

Der AG oder Architekt darf nicht darauf warten, bis die Balkonplatte samt den darauf gelagerten Dachziegeln gänzlich herunterbricht und dabei noch weitere Schäden verursacht. Sofortmaßnahmen sind in diesem Falle ohne weiteres möglich, z.B. durch Abstützung der Balkonplatte mit Stützbolzen. Der AG/Architekt hat diese Maßnahme selbst durchzuführen oder deren Durchführung zu veranlassen. Zur vorläufigen Sicherung von Beweisen können Fotos gemacht und Zeugen hinzugezogen werden. Da im Augenblick der Entdeckung nicht festzustellen ist, ob ein Mangel an der Betonplatte (fehlende Festigkeit) oder ein Schaden an der Platte durch zu hohe Gewichtsauflage vorliegt, ist es auch wichtig, den bei der Entdeckung vorgefundenen Zustand zu erhalten. Nach Einsturz der Balkonplatte ist es ungleich schwieriger, die Ursache des Mangels oder des Schadens festzustellen.

Maßnahmen beim Auftreten eines Schadens oder Mangels

Abgesehen davon, dass den Geschädigten eine Schadensminderungspflicht trifft (§ 254 BGB), liegt es andererseits im eigenen

Interesse des Schädigers oder Mangelverursachers zu verhindern, dass sich der von ihm angerichtete Schaden ausweitet oder ein von ihm verursachter Mangel zu einem Schaden führt. Somit werden auch der AN und der Planer, die als Schadens- bzw. Mangelverursacher in erster Linie in Betracht kommen, danach trachten müssen, bei Entdeckung von Mängeln oder Schäden umgehend geeignete Maßnahmen zur Verhinderung oder Vergrößerung von Schäden zu treffen. Undichte Stellen im Dach sind nach Sicherung der Beweise zumindest provisorisch zur Vermeidung weiterer Folgeschäden zu schließen, zersprungene Fensterscheiben alsbald zu ersetzen. Veranlasst dies der AN, sind diese Maßnahmen problemlos. Gehen sie auf den AG zurück, ist darauf zu achten, dass dem AN das Recht zur Mängelbeseitigung nicht genommen wird. Deshalb müssen die Maßnahmen auf das beschränkt werden, was Gefahr im Verzug fördert. Diese Provisorien können Geld kosten. Darüber sollte eine Vereinbarung getroffen werden.

Die VOB/C enthält in der jeweils einschlägigen Allgemeinen Technischen Vertragsbedingung für Bauleistungen für im Verlauf der Baumaßnahme auftretende Überraschungen Aussagen zu Reaktionsmöglichkeiten, z.B. bei Düsenstrahlarbeiten nach der ATV DIN 18321, Abschnitt 3.2.3, wenn Gefahren für die Standsicherheit auftreten; nach der ATV DIN 18313 (Schlitzwandarbeiten mit stützenden Flüssigkeiten), Abschnitt 3.3.6, wenn sich Gefahren aus z.B. Wasserandrang, Bodenauftrieb, Ausfließen von Boden, Rutschungen usw. ergeben. Dort heißt es jeweils, die für die Vermeidung von Schäden gebotenen Maßnahmen sind unverzüglich zu treffen, der Auftraggeber ist zu informieren und weitere Maßnahmen sind gemeinsam zu treffen. Das sollte auf jeden Fall schriftlich geschehen.

Die VOB/C hilft auch insoweit weiter, als es darum geht, ob die getroffenen Maßnahmen Nebenleistungen oder Besondere Leistungen sind, was für die Vergütungsfrage von hohem Stellenwert ist. Denn Besondere Leistungen liefern die Basis für einen Nachtrag, wenn die rechtlichen Voraussetzungen hierfür vorliegen. Die Einhaltung der sich aus der VOB/B und der VOB/C ergebenden Regeln sorgt für Vergütungssicherheit. Häufig und vor allen Dingen regelmäßige Kontrollen und Überwachungen der Baustelle, die natürlich nicht nur oberflächlich sein dürfen, können zur Vermeidung von größeren Schäden beitragen. Dies gilt insbesondere dann, wenn der Bau einige Zeit stillsteht oder z.B. Gefahren aus dem Grundwasser durch mögliches Aufschwimmen drohen. Der Wasserhaltung und der Baugrubensicherung ist Augenmerk zu schenken.

2/5 Einschaltung von Gutachtern und deren Kosten

Einschaltung von Fachleuten

Zuziehungsmöglichkeiten – Stellenwert

Sollte sich eine Einigung zwischen den Baubeteiligten über einen Mangel oder Schaden nicht oder nicht sofort erzielen lassen, z.B. durch sofortige Behebung, und es tatsächlich zu einem Konflikt kommen, gibt es nachfolgend genannte weitere Möglichkeiten der Vorgehensweise im Schadensfall, um den Mangel bzw. Schaden an sich und dessen Ursache festzustellen und entweder eine Konfliktlösung vorzubereiten oder aber Beweise zu sichern:

Einschaltung eines Privatgutachters

Private Informationsquelle

Das einseitig von einer Partei ohne Wissen der Gegenpartei in Auftrag gegebene Privatgutachten kann zwar in einigen Fällen zur Konfliktlösung beitragen, ist aber in der Regel kein gutes Mittel, eine Streitfrage endgültig zu lösen. Das Privatgutachten kann vom Gegner abgelehnt werden. Seine Feststellungen sind in einem späteren Prozess ein sog. qualifizierter Parteivortrag, wenn das Gutachten in das Verfahren eingeführt wird. Das geschieht, wenn der Kläger oder der Beklagte die Feststellungen des Privatgutachters in die Schriftsätze übernimmt und das Gutachten vorlegt. Eine Entscheidung kann auf der Grundlage allein dieses Privatgutachtens nur bei Einverständnis der Parteien gestützt werden. Das entspricht nicht der Realität. Denn der jeweilige Gegner wird die Feststellungen und Bewertungen des Privatgutachtens bestreiten. Das Ergebnis von Privatgutachten bedarf in einem Gerichtsverfahren erst noch des Beweises durch die Einholung eines Gerichtsgutachtens. Oft wird durch die einseitige Beauftragung eines Gutachters und dessen Feststellungen erst eine Konfliktsituation geschaffen. Das Privatgutachten dient der Information des Auftraggebers. Ob sein Inhalt die andere Partei überzeugt, ist eine andere Frage. Der Privatgutachter scheidet als Gerichtssachverständiger aus. Seine Rolle kann jedoch darin bestehen, in einem Streitfall als sachverständiger Zeuge darüber zu informieren, was er beobachtet hat. In dem Zusammenhang kann seinen Fotos erheblicher Stellenwert zukommen.

Einigung auf einen Schiedsgutachter/Schiedsvergleich

Bindungswirkung und Beweismittelvertrag

Ein besseres Mittel, Konflikte über Mängel oder Schäden zu lösen, ist die Bestellung eines sog. Schiedsgutachters. Dabei einigen sich die Baubeteiligten auf die Person eines bestimmten Sachverständigen, beauftragen diesen gemeinsam und vereinbaren weiter, dass dessen Feststellungen von allen Beteiligten akzeptiert werden sowie für und gegen alle gelten sollen. Sie können dabei z.B. vereinbaren, dass der Sachverständige nur bautechnische Feststellungen über Ursache und technische Verantwortlichkeit des Mangels als Vorbereitung für eine spätere Einigung trifft, sie können aber auch z.B. bestimmen, dass der Sachverständige, ähnlich wie ein Schiedsgericht, endgültig und abschließend entscheiden soll, wer den Mangel zu beseitigen hat, auf welche Art und Weise dies geschehen muss oder wie hoch eine Minderung des Werklohnanspruchs ausfällt. Der einzelvertraglichen Gestaltungsfreiheit sind hier fast keine Grenzen gesetzt.

Der Nachteil der Einigung auf einen Schiedsgutachter liegt darin, dass dessen Entscheidung endgültig ist und für die einzelnen Beteiligten nur eingeschränkt korrekturfähig ist. Sie müssen dessen Feststellungen gelten lassen, was insbesondere bei unrichtigen Begutachtungen weitreichende Folgen haben kann. Die Grenzen der Bindungswirkung der schiedsgutachterlichen Feststellungen werden durch § 319 BGB gezogen. Bei offenbarer Unrichtigkeit oder offenbarer Unbilligkeit ist das Schiedsgutachten nicht verbindlich. Damit ist der Weg frei z.B. für eine gerichtliche Beweisaufnahme, die ansonsten, also bei Maßgeblichkeit des Schiedsgutachtens, verschlossen ist. Denn der Schiedsgutachtenvertrag hat den Charakter eines Beweisvertrags. Die vertragschließenden Parteien erkennen nach dem Inhalt ihres vertraglichen Einvernehmens nur das Schiedsgutachten als Beweis an.

Den fatalen Folgen dieser Bindungswirkung eines Schiedsgutachtens entgeht man, wenn die Parteien diese Bindungswirkung ausschließen. Der Grundsatz der Vertragsfreiheit lässt diesen Ausschluss ohne Weiteres zu. Ohne eine diesbezügliche Regelung entfaltet das Schiedsgutachten jedoch diese Bindungswirkung.

Bezüglich der Einigung auf einen Schiedsgutachter gilt, dass in vorformulierten Klauseln ein Schiedsgutachten nicht vorgesehen werden darf. Der BGH hat eine solche Klausel in einem Fertighausvertrag wegen Verstoßes gegen § 9 AGB-Gesetz (jetzt § 37 BGB) für unwirksam erklärt (BauR 1992, 223). Das OLG Köln hat dasselbe für einen vorformulierten Vertrag ausgeführt, der ein schlüsselfertig zu erstellendes Einfamilienhaus zum Gegenstand hatte und in dem vorgesehen war, dass ein bestimmter Sachverständiger bei Streitigkeiten über offene Leistungen und Fehler/Mängel letztverbindlich als Schiedsgutachter über das Vorliegen, die Art und Weise der Mängelbeseitigung oder die Minderung befinden sollte (IBR 1992, 235). Die Gerichte sehen mit Recht für den Verbraucher Gefahren, weil der Sachverständige regelmäßig von dem anderen Teil einseitig bestimmt worden ist und außerdem technische und rechtliche Fragen im Gemenge vorliegen, die ein Sachverständiger nicht immer richtig beurteilen wird. Der Abschluss einer Schiedsgutachtenabrechnung muss deshalb sorgfältig dokumentiert werden. Beide Parteien sind gehalten, mit dem Schiedsgutachter einen Schiedsgutachtervertrag abzuschließen. Die Rechnung sollte an beide gestellt werden. Insgesamt muss deutlich werden, dass nicht lediglich eine einseitige Beauftragung und damit ein Privatgutachten vorliegen.

Zwischen Unternehmen, also im unternehmerischen oder kaufmännischen Geschäftsverkehr, sind vorformulierte Schiedsgutachtenabreden wirksam (BGH, 27.11.2003, VII ZR 53/03, BauR 2004, 488).

Einleitung eines selbstständigen Beweisverfahrens

Beweissicherungsverfahren

Als letzte Vorgehensweise im Schadensfall ist die Einleitung eines selbstständigen Beweisverfahrens zu nennen. Bis zum 31.03.1991 war dieses Verfahren unter dem Namen Beweissicherungsverfahren bekannt. Dabei wird unter Beachtung der Vorschriften der §§ 485 ff. ZPO ein Antrag an das zuständige Gericht gestellt, dieses möge einen Sachverständigen beauftragen, der die vorgetragenen Mängel und Schäden und deren Ursache feststellt. Da hierbei einige rechtliche Fragen abzuklären sind, ist anzuraten, zur Einleitung dieses Verfahrens einen Rechtsanwalt zu beauftragen. Der Antrag richtet sich gegen den Verursacher und, soweit nicht sicher bekannt, gegen alle möglichen Verursacher. Der Unterschied zum Privatgutachten ist, dass der Gegner beim selbstständigen Beweisverfahren rechtliches Gehör erhält, die Begutachtung also auch beeinflussen kann und dass insbesondere die Feststellungen im erstatteten Gutachten in einem späteren Prozess vom Gericht zu verwerten sind (§ 493 ZPO). Außerdem hemmt die Einleitung dieses Verfahrens die Verjährung der Sachmängelansprüche. Diese prozessuale Wirkung – Verwertung bei einem späteren Klageverfahren – und die materiell-rechtliche Wirkung – Hemmung der Verjährung – bilden den entscheidenden Vorteil eines selbstständigen Beweisverfahrens. Diese Vorteile weist ein Privatgutachten nicht auf. Manchmal ist das Ergebnis eines selbstständigen Beweisverfahrens auch geeignet, auf dessen Grundlage zu einer vergleichsweisen Erledigung zu kommen (§ 485 Abs. 2 ZPO). Die Möglichkeit einer vergleichsweisen Befriedigung ist als Interesse für die Durchführung dieses Verfahrens gesetzlich anerkannt.

Der Antragsteller des Beweissicherungsverfahrens kann dem Gericht einen Gutachter vorschlagen, der in aller Regel dann auch beauftragt wird. Eine Bindung an diesen Vorschlag besteht nicht. Letztlich bestimmt allein das Gericht den Gutachter.

Nachteile des Beweissicherungsverfahrens sind kaum gegeben, man sollte sich jedoch die Einleitung dieses Verfahrens genau überlegen. Für ein sinnlos eingeleitetes und durchgeführtes Beweissicherungsverfahren bekommt der Antragsteller die hierfür aufgewendeten, nicht unerheblichen Kosten vom Antragsgegner nicht erstattet. Im Gegenteil bilden die Kosten des selbstständigen Beweisverfahrens infolge der Neuregelung in § 494a Abs. 2 ZPO nicht mehr regelmäßig einen Teil der Kosten des Hauptsacherechtsstreits. Die Neuregelung muss auch Veranlassung sein, in der Wahl des Gegners vorsichtig zu sein. Denn der Gegner, der nach dem Ergebnis des selbstständigen Beweisverfahrens als für den Mangel/Schaden Verantwortlicher ausscheidet, wird als Gegner für einen Hauptsacherechtsstreit ausscheiden. Diesem Gegner sind dann die ihm im Beweisverfahren entstandenen Kosten auf Antrag zu ersetzen. Diese Kostenbelastung stellt eine große Gefahr für den Antragsteller dar.

Kosten der Mangel- bzw. Schadensfeststellung

Die Kosten für die Beauftragung der Gutachter hat der Auftraggeber, im selbstständigen Beweisverfahren der Antragsteller zu bezahlen. Ob er diese später vom Gegner erstattet erhält, lässt sich von vornherein nicht beurteilen. Die Sachverständigenkosten für die Erstellung von privaten oder gerichtlichen Gutachten sind in der Zwischenzeit so hoch, dass in manchen Fällen das Verhältnis zum zu begutachtenden Mangel oder Schaden nicht mehr gewahrt ist. Es ist ein Unding, über einen Mangel, der sich mit einigen hundert Euro beseitigen lässt, ein Gutachten, welches gleichviel oder sogar mehr kostet, erstellen zu lassen. Es gilt also vorab zu prüfen, ob man sich durch die Einschaltung eines Sachverständigen nicht selbst Schaden zufügt, weil man die Kosten hierfür nicht ersetzt erhält. Die Sachverständigenkosten im selbstständigen Beweisverfahren nach §§ 485 ff. ZPO bestimmen sich nach dem Justizvergütungs- und -entschädigungsgesetz (JVEG). Für die Bestimmung der Höhe der Privatgutachterkosten ist dieses Gesetz nicht einschlägig. Haben sich die Parteien nicht auf eine bestimmte Honorierung geeinigt, ist die übliche Vergütung zur Zahlung fällig. Die übliche Vergütung liegt regelmäßig über den sich aus dem JVEG ergebenden Sätzen.

In einem späteren Prozess über den Mangel oder den Schaden sind die Kosten des selbstständigen Beweisverfahrens Kosten des Rechtsstreits und werden im Verhältnis Obsiegen/Unterliegen aufgeteilt. Dies kann im Einzelfall dazu führen, dass der Antragsteller des Verfahrens seine Kosten nahezu selbst trägt, obwohl er bezüglich des Mangels oder Schadens obsiegt hat, weil andererseits er wegen anderer Forderungen aus z.B. falschen Abrechnungen, Verzug, Vertragsstrafen und dgl. mehr zum Großteil unterlegen ist. Vorausgesetzt wird Parteiidentität und es muss um dieselben Mängel gehen.

Kommt es zu keinem Rechtsstreit über den im selbstständigen Beweisverfahren festgestellten Mangel oder Schaden, hat der Antragsteller nur einen so genannten materiellen Erstattungsanspruch, den er ggf. im Rahmen einer Klage durchsetzen muss. Zusätzlich muss jedoch die Regelung in § 494a ZPO beachtet werden.

Die wirtschaftlich günstigste Art des Vorgehens im Falle eines Mangels oder Schadens bleibt nach alledem die vertrauensvolle, einvernehmliche Einigung der Baubeteiligten untereinander, welche die wechselseitigen Interessen angemessen berücksichtigt.

3 Ablaufschemata: Maßnahmen zur Rechtswahrung und Rechtsverteidigung

Verfolgte Ziele

Zwischen den verfolgten Zielen, z.B. Beweissicherung, Feststellung der Ursachen, Art der Mängelbeseitigung, Kosten, Hemmung der Verjährung und den Mitteln und Wegen sowie Rechtsfolgen ist zu unterscheiden.

Entscheidende Gesichtspunkte

- Wer könnte haften? Diese Frage ist jedoch nicht nur technisch, sondern auch rechtlich besetzt. Denn dabei geht es auch darum, wer für einen Mangel- oder Schadensfall verantwortlich ist.
- Wie steht es bei dem eventuell Haftenden um das Ende der Verjährungsfrist für Sachmängelansprüche? Das hängt entscheidend davon ab, ob es sich um einen Sachmangelfall handelt, wofür im Baubereich bei einem BGB-Bauvertrag die Verjährungsfrist fünf Jahre und bei einem VOB/B-Bauvertrag vier Jahre beträgt. Diese Fristen laufen ab der rechtsgeschäftlichen Abnahme.
- Was ist zu tun, damit der Lauf der Verjährungsfrist gehemmt oder unterbrochen wird? Es ist auch zu erwägen, mit dem Gegner ein Einvernehmen dahin zu erzielen, dass er über eine gewisse Zeit auf die Erhebung der Einrede der Verjährung verzichtet.

- Achtung:
  Einvernehmliche Überprüfungen und Mängelbeseitigungsmaßnahmen haben grundsätzlich nur Hemmungswirkung nach § 203 BGB! Beseitigt ein Unternehmer Mängel, ohne darauf zu verweisen, dies geschehe aus Kulanz, erfolgt also die Maßnahme im Bewusstsein einer rechtlichen Verpflichtung, liegt ein Anerkenntnis vor (§ 212 Abs. 1 Nr. 1 BGB). Dann beginnt die Verjährungsfrist neu zu laufen.
- Die schriftliche und das Mangelbild ausreichend bestimmt enthaltende Mängelrüge unterbricht die Verjährung nur beim VOB-Bauvertrag.
- Eine Mängelbeseitigungsmaßnahme des Unternehmers ist ein Anerkenntnis nach § 212 BGB mit Unterbrechungswirkung nur, wenn dem Unternehmer seine Verantwortlichkeit klar ist und die Annahme eines bloßen Entgegenkommens ausscheidet. Deshalb ist bei Unsicherheit über die Verantwortlichkeiten für einen Mangel ausdrücklich zu erklären, die Mängelbeseitigung erfolge aus Kulanz, wenn der angegangene Unternehmer Anlass für ein Tätigwerden sieht.

3/1 Rechtswahrung – Sicht des Bauherrn

1. Schritt

Handlungsbedarf

Sachgerechtes Verhalten im Konflikt darf nicht bei der Mangel- bzw. Schadensfeststellung stehen bleiben.

Aus Sicht des Bauherrn und Auftraggebers besteht darüber hinaus Handlungsbedarf auch insoweit, als die richtigen Schritte gegenüber dem tatsächlich Verantwortlichen und Einstandspflichtigen in die Wege zu leiten sind. Sachgerechte Rechtswahrung hat dabei insbesondere darauf zu achten, dass Rechtswahrung und -durchsetzung nicht am Zeitablauf scheitert: Drohende Verjährung ist durch Maßnahmen abzuwenden, die eine Hemmung oder Unterbrechung des Fristenlaufs bewirken. Nach § 203, § 204 BGB geht es in erster Linie darum, den Lauf einer Verjährungsfrist zu hemmen. Die Unterbrechung mit der Folge des Neubeginns der Frist (§ 212 BGB) ist die Rarität. Bei einem VOB/B-Bauvertrag gelten gemäß § 13 Abs. 5 VOB/B abweichende Regeln: Die VOB/B weist einer schriftlichen Mängelrüge die Wirkung zu, dass die Verjährungsfrist neu zu laufen beginnt, wobei diese Frist zwei Jahre beträgt, jedoch nicht vor der maßgeblichen vierjährigen Frist endet. Weiter hat die Abnahme der Mängelbeseitigungsarbeiten die Wirkung, dass diese Zweijahresfrist ebenfalls noch einmal zu laufen beginnt.

Das nachfolgende Schema gibt Auskunft, welcher Baubeteiligter wegen welchen Versagens in die Haftung genommen werden kann. Der Überblick liefert lediglich eine Grobstruktur.

Gesichtspunkte

Tragende Gesichtspunkte sind:

Planer (Architekt und Fachplaner) haften nicht bei jedem Baumangel; dieser muss auf einen Mangel in ihrem geistigen Werk zurückführbar sein. Allerdings genügt für die Mängelrüge des Planerwerks nach BGH (Urteil vom 08.05.2003, VII ZR 407/01 BauR 03, 1247) durchaus lediglich die Bezeichnung des Mangels am körperlichen Bauwerk.

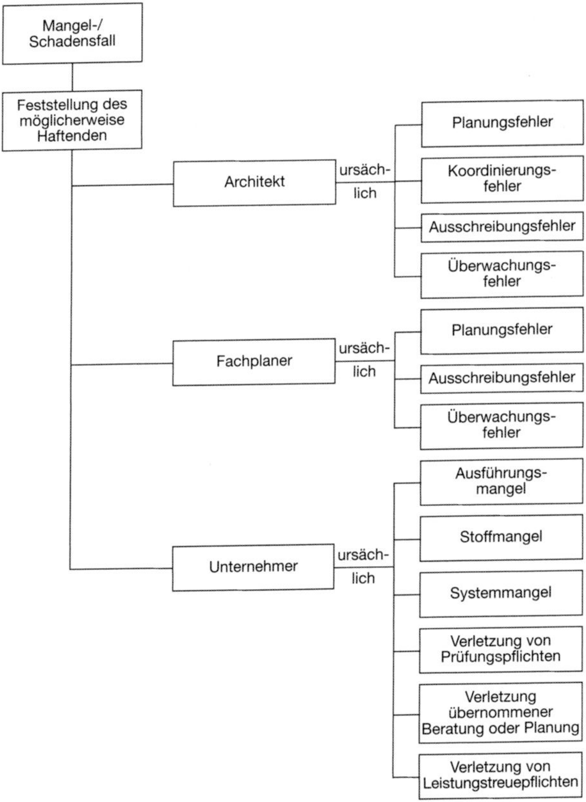
Mangel-/
Schadensfall
Feststellung des
möglicherweise
Haftenden
Architekt
ursäch-
lich
Planungsfehler
Koordinierungs-
fehler
Ausschreibungsfehler
Überwachungs-
fehler
Fachplaner
ursäch-
lich
Planungsfehler
Ausschreibungsfehler
Überwachungs-
fehler
Unternehmer
ursäch-
lich
Ausführungs-
mangel
Stoffmangel
Systemmangel
Verletzung von
Prüfungspflichten
Verletzung
übernommener
Beratung oder Planung
Verletzung von
Leistungstreuepflichten

2. Schritt

1. Rechtswahrung gegenüber Unternehmer

Das nachfolgende Schema gibt nur die Grobstruktur wieder. Folgende Leitgedanken dürfen nicht aus den Augen verloren werden:

- AG (Auftraggeber) hat einen Mängelbeseitigungsanspruch gegenüber dem Unternehmer (AN). AG seinerseits hat zu beachten, dass AN ein Recht zur Mängelbeseitigung zukommt. Dieser Grundsatz der Priorität der Mängelbeseitigung gilt für den BGB- und den VOB-Bauvertrag. Die VOB/B stärkt den Grundsatz in § 13 Abs. 6.
- AG hat das Recht des AN zur Mängelbeseitigung zu respektieren. AN verliert sein Recht nur unter den in §§ 633, 635, 637 BGB und § 13 Abs. 5, 6 VOB/B im Einzelnen genannten Voraussetzungen (vgl. auch § 4 Abs. 7 VOB/B).
- Die Missachtung dieses Mängelbeseitigungsrechts des AN durch AG führt zum Rechtsverlust bei AG. Räumt der Auftraggeber dem Auftragnehmer nicht die Möglichkeit der Nacherfüllung ein und greift er sofort ohne Fristsetzung gegenüber dem Auftragnehmer zur Selbsthilfe, verliert er Kostenerstattungsansprüche.
- Ob der Mangelfall vor oder nach der Abnahme auftritt, ist wegen der Dauer der Verjährungsfrist wichtig: Bereits vor der Abnahme besteht nach BGB und VOB/B ein Anspruch auf Mangelbeseitigung als Erfüllungsanspruch; dieser Anspruch verjährt in drei Jahren ab Entstehung (Fälligkeit) und Kenntnis oder grob fahrlässige Unkenntnis. Der Mangelfall nach der Abnahme führt zur Verjährungsfrist nach § 634a BGB bzw. § 13 Abs. 4 VOB/B. Die Verjährungsfrist beträgt bei Bauwerken nach BGB (§ 634 Abs. 1 Nr. 2)

fünf Jahre und nach § 13 Abs. 4 VOB/B (2002) vier Jahre. Allerdings können die Parteien auch bei einem VOB/B-Bauvertrag eine fünfjährige Verjährungsfrist vereinbaren.

- Mängel berechtigen zur Verweigerung der Abnahme, was jedoch bei einem BGB- und einem VOB-Bauvertrag nur bei wesentlichen Mängeln möglich ist.
- Berechtigte Abnahmeverweigerung verhindert das Fälligwerden des Werklohns.

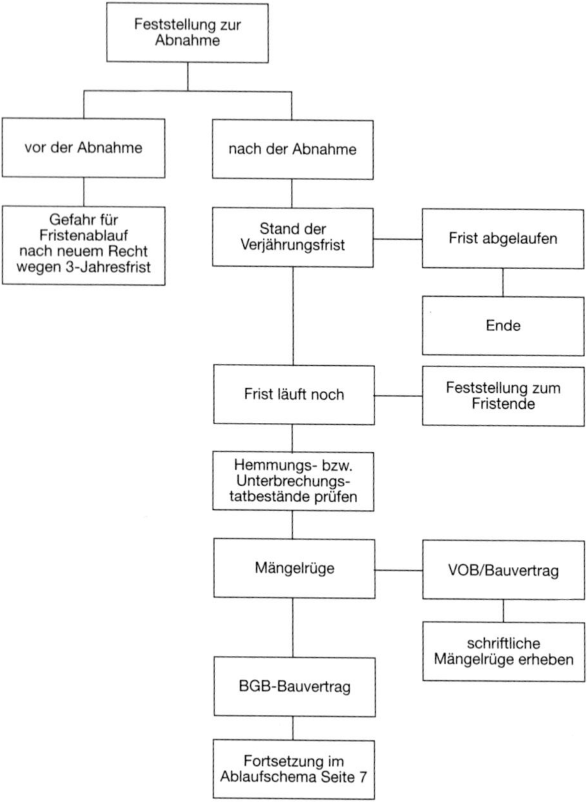
Feststellung zur Abnahme
vor der Abnahme
nach der Abnahme
Gefahr für Fristenablauf nach neuem Recht wegen 3-Jahresfrist
Stand der Verjährungsfrist
Frist abgelaufen
Ende
Frist läuft noch
Feststellung zum Fristende
Hemmungs- bzw. Unterbrechungs-tatbestände prüfen
Mängelrüge
VOB/Bauvertrag
schriftliche Mängelrüge erheben
BGB-Bauvertrag
Fortsetzung im Ablaufschema Seite 7

BGB-Bauvertrag

Unternehmer verweigert die Prüfung des Werks trotz Rüge

Achtung auf Fristablauf
Hemmung der Frist bewirken

Maßnahmen

- Selbstständiges Beweisverfahren einleiten
- Klage
auf Nacherfüllung
- Klage auf Vorschuss nach vorausgegangener Fristsetzung zur Mängelbeseitigung und fruchtlosem Fristablauf (Klagezustellung an Unternehmer vor Ablauf der Verjährungsfrist)
- Vornahme der Mängelbeseitigungsarbeiten durch Auftraggeber oder Drittfirma **nach** vorausgegangener Fristsetzung zur Mängelbeseitigung und fruchtlosem Fristablauf
Klageweise Geltendmachung des Aufwands (Erstattungsklage nach vorausgegangener fruchtloser Zahlungsaufforderung) – jedoch alles noch vor Ende der Verjährungsfrist
- Klage auf Rückzahlung nach Minderung der Vergütung nach vorausgegangener Mängelbeseitigungsaufforderung mit Fristsetzung oder bei Unmöglichkeit der Nachbesserung bzw. unverhältnismäßigem Aufwand hierfür und Nachbesserungsverweigerung des Unternehmers – Klageerhebung vor Ablauf der Verjährungsfrist
- Klage auf Schadenersatz Ablauf der Verjährungsfrist
- **Achtung:**
Die bloße Mängelrüge unterbricht beim BGB-Bauvertrag den Lauf der Verjährungsfrist nicht!
Prüft Unternehmer auf die Rüge, ob Fehler vorhanden, dann Hemmung des Fristenlaufs bis zur Mitteilung des Prüfungsergebnisses bzw. Beseitigungserklärung oder Beseitigungsverweigerung als Ausdruck des Verhandelns
Unterzieht sich Unternehmer der Beseitigung, dann Hemmung des Fristenablaufs bis zur Beseitigungserklärung bzw. Beseitigungsverweigerung als Ausdruck des Verhandelns

Unternehmer unterzieht das Werk einer Prüfung

Folgen

- Hemmung der Frist
- Wahrung der Minderung

2. Rechtswahrung gegenüber Objektplaner

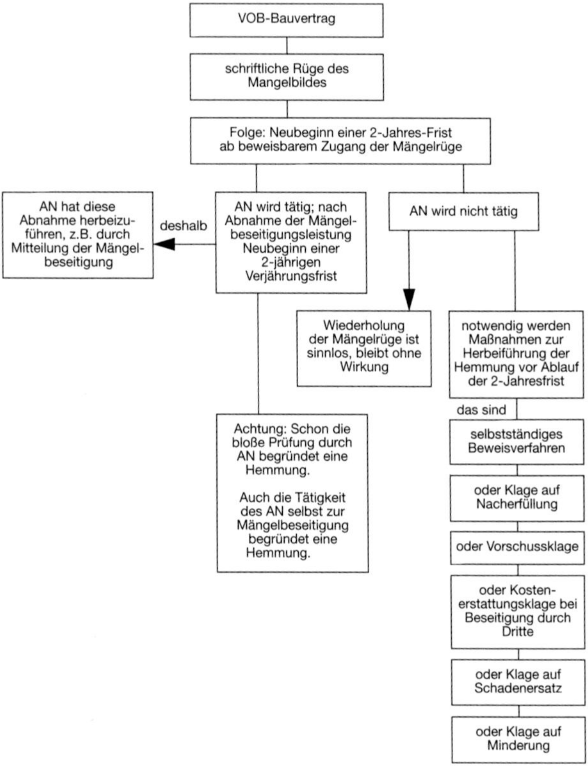

3. Rechtswahrung gegenüber Objektplaner und Fachplaner

Die Rechtswahrung gegenüber Planern (Architekt und Fachplaner) hat folgende Gesichtspunkte zu berücksichtigen:

- Nicht jeder Baumangel löst automatisch die Einstandspflicht der Planer aus.
- Das Werk der Planer ist ein geistiges, es ist nicht mit dem körperlichen Bauwerk identisch.
- Ein Mangel am körperlichen Bauwerk begründet die Einstandspflicht der Planer nur, wenn dieser Mangel ursächlich auf einen Mangel im geistigen Werk der Planer zurückführbar ist.
- Mängel im körperlichen Bauwerk begründen im Rahmen des Leitungsbilds nach § 34 Abs. 3 Nr. 8 und 9 HOAI 2013 einschließlich Anlage 10 Nr. 10.1 zur HOAI 2013 und damit vor der Abnahme des Architektenwerks eine Pflicht zum Tätigwerden des Architekten: Es sind Feststellungen darüber zu treffen, wer als Haftender in Betracht kommt, die Aufforderungen zur Mängelbeseitigung ist beweiskräftig auszusprechen.
- Nach der Abnahme des Werks der Planer auftretende Mängel begründen nur in seltenen Fällen eine Pflicht des Planers zur Nachbesserung. Regelmäßig kommt die Haftung auf Schadensersatz nach §§ 634, 636, 280 BGB in Betracht. Denn die Mängelbeseitigung am geistigen Werk des Planers ist sinnlos, wenn sich das geistig Werk bereits im Bauwerk verkörpert hat. Darüber, ob dieser von der höchstrichterlichen Rechtsprechung vertretene Standpunkt, der mit dem Schlagwort der Verkörperung verbunden ist, zukünftig Fortbestand haben wird, besteht Streit. Denn es ist die Frage, wann eine solche Verkörperung der Leistungen des

Architekten im Bauwerk vorliegt und ob nicht doch z.B. eine unzulänglich vorgenommene Objektüberwachung, die mitursächlich für einen Baumangel ist, im Rahmen der Nacherfüllung durch den Unternehmer nachgeholt werden kann. Solange der Architektenvertrag noch im Erfüllungsstadium ist, müsste dies möglich sein, was auch der Arbeitsschritt in der Anlage 10 Leistungsphase 8p) HOAI 2013 nahelegt. Denn mit dieser Überwachung der Mängelbeseitigung ist eine Nachholung und damit Nacherfüllung einer im Rahmen des Arbeitsschritts Leistungsphase 8a) schlecht gelaufene Objektüberwachung verbunden.

- Die Haftung des Planers aus §§ 634, 280 BGB – Schadensersatz – ist für den Auftraggeber günstig, da Versicherungsschutz besteht (wenn entsprechender Vertrag vorliegt). Das ist das für Planer leidige Problem der gesamtschuldnerischen Haftung, die gegenwärtig massiv in der Diskussion steht.

3/2 Rechtsverteidigung der Baubeteiligten

Pflichten- und Verteidigungslagen

Die Rechtsverteidigung der Baubeteiligten erweist sich als ein äußerst vielfältiges und verwobenes System von Einwendungen, das von folgenden Grundgedanken getragen wird:

Grundgedanken des Verteidigungssystems

- Die Erfolgsorientierung des Werkvertragsrechts (auch der VOB/B) schließt grundsätzlich die Verteidigung unter dem Gesichtspunkt des fehlenden Verschuldens aus.
- Ist das Verschulden Anspruchsvoraussetzung (§§ 634, 280 BGB; § 13 Abs. 7 VOB/B), hat sich der Unternehmer oder der Planer bei objektiver Pflichtwidrigkeit zu entlasten. Das Verschulden wird vermutet, was § 280 Abs. 1 BGB deutlich zum Ausdruck bringt. Auf Verschulden kommt es nur bei Schadensersatzansprüchen an. Die sonstigen Ansprüche, nämlich Nacherfüllung, Kostenvorschuss, Kostenerstattung, Minderung, sind verschuldensunabhängig und hängen allein mit der werkvertraglichen Erfolgsverpflichtung zusammen.
- Die Parteien werden beim Wort genommen; Verträge sind zu halten, wer Zusicherung (nunmehr vereinbarte Beschaffenheit) und Garantien abgibt, haftet verschärft, unabhängig davon, ob die Zusicherungen (vereinbarte Beschaffenheiten) verwirklichungsfähig sind. Nicht entscheidend ist dann auch, ob das Fehlen einer

vereinbarten Beschaffenheit die Verwendungseignung oder Gebrauchstauglichkeit beeinträchtigt.

- Die Einhaltung der anerkannten Regeln der Technik schließt bei Auftreten eines Mangels die Einstandspflicht nicht aus. Die Verfehlung von anerkannten Regeln der Technik begründet regelmäßig eine Sachmängelhaftung.
- Die Unterscheidung zwischen dem BGB- und dem VOB-Haftungssystem ist zu beachten. Die Haftungsfälle vor und nach der Abnahme sind zu trennen.

Bei einem Planungsfehler, einer falscher Anordnung, falschen Stoffvorgaben und sonstigen im Risikobereich des Auftraggebers liegenden Umständen hat Auftragnehmer auch die Möglichkeit, sich auf die Mithaftung des Auftraggebers zu berufen. Der Auftragnehmer ist in solchen Fällen frei von Sachmängelhaftung, wenn er seinen Prüfungs- und Bedenkenhinweispflichten nachgekommen ist oder dem Auftragnehmer solche Prüfungen nicht zumutbar waren.

1. Rechtsverteidigung des Unternehmers

- 1.1 Gegen Mängelrüge
  - – Verjährungsfrist abgelaufen;
    – Rechtsverlust
  - Mangel nicht am eigenen Werk
  - Mangel bedingt durch Abnutzung, Fehlgebrauch, nicht verursacht durch vertragswidrige Leistung
  - Mangel nicht verursacht, geht auf Planungsfehler zurück – Bedenken angemeldet
  - Mangel geht auf sonstige Angaben des Bauherrn zurück, Bedenken angemeldet
  - Bauherr muss sich an den Mängelbeseitigungskosten beteiligen
  - Verlust des Nacherfüllungsrechts wegen Unverhältnismäßigkeit des Aufwands – Erhebung dieses Leistungsverweigerungsrechts
  - Verlust des Nacherfüllungsrechts wegen Unmöglichkeit
- 1.2 Gegen Mängelbeseitigungsklage = Nacherfüllungsklage
  - wie bei der Mängelrüge
  - Verlust des Nachbesserungsrechts wegen Fristsetzung zur Mängelbeseitigung

- 1.3 Gegen Vorschussklage
  - wie bei der Nacherfüllungsklage vgl. unter 1.2
  - keine Fristsetzung zur Nacherfüllung
  - kein fruchtloser Fristablauf
  - keine endgültige und ernsthafte Verweigerung
- 1.4 Gegen Kostenerstattungsklage
  - wie gegen Vorschussklage vgl. unter 1.3
  - Kosten zu hoch, betreffen nicht nur Mängelbeseitigung
- 1.5 Gegen Minderungsklage
  - wie gegen Mängelrüge
  - keine Mängelbeseitigungsaufforderung mit Fristsetzung
  - Vorrangigkeit der Nacherfüllung
  - kein unverhältnismäßiger Nacherfüllungsaufwand bei VOB-Bauvertrag
  - Nacherfüllung nicht unmöglich bei VOB-Bauvertrag
  - Nacherfüllung nicht fehlgeschlagen
  - Nacherfüllung nicht unzumutbar bei VOB-Bauvertrag

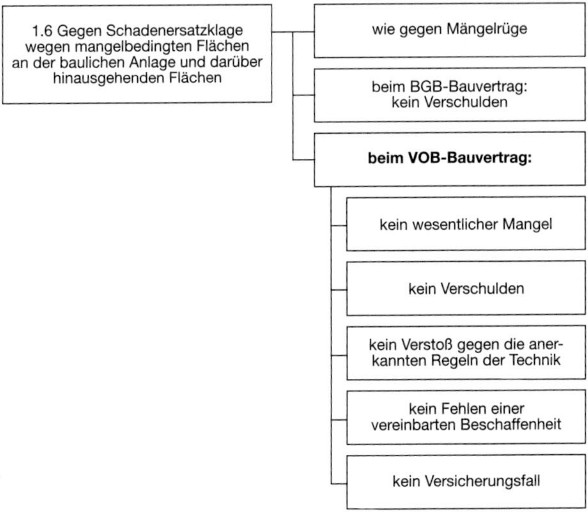

Verhalten des Fachplaners im Schadens-/Mangelfall

Im Wesentlichen wie nach Schema im Fall des Objektplaners, jedoch keine Betreuungsaufgabe.

- 2. Verhalten des Objektplaners im Schadens-/Mangelfall
- 2.1 Bei Mängelrüge
  - nach Ablauf der Verjährungsfrist für die Sachmängelhaftung keine Einstands- und damit keine Tätigkeitspflicht mehr
  - vor Ablauf der Verjährungsfrist:
    - **Betreuungsaufgabe:** Feststellung der Ursache, der Verantwortlichkeit, Beratung des Bauherrn über das Vorgehen gegen Unternehmer und weitere Baubeteiligte, Hinweis auf Verjährung und Hemmung – die Betreuungs- und Beratungsaufgabe schließt die Aufklärung über die Fehler des Planers selbst ein
    - Einschaltung der Berufshaftpflichtversicherung
- 2.2 Gegen Schadenersatzklage
  - Ablauf der Verjährungsfrist
  - Einräumung des Rechts auf Nacherfüllung, wenn vertraglich vereinbart
  - Mängel gehen auf Abnutzung und Fehlgebrauch zurück
  - kein Planungsfehler
  - kein Ausschreibungsfehler
  - kein Überwachungsfehler
  - kein Koordinierungsfehler
  - keine Verursachung
  - kein Verschulden
  - Versagen des Fachplaners

2.3 **Achtung:**

Durch Überprüfungsmaßnahmen im Rahmen der Betreuungsaufgabe tritt Hemmung der Verjährungsfrist ein, wenn die Überprüfung auch eventuelle Mängel in der eigenen Leistung einschließt.

Dasselbe gilt für Überprüfungen der eingeschalteten Versicherung des Planers, wenn diese sich auf die Untersuchung des Fehlverhalten des Planers erstreckt.

4 Kosten der Schadensbeseitigung

4/1 Mauerarbeiten

Baubegleitende Arbeiten	E	h	Preis
Hohlkehle Dichtungsschlämme	m	0,20	15,80
Hohlkehle an Wand-/Sockelanschluss für bituminöse Abdichtung gegen rückwertige Wasserbelastung mit Dichtungsschlämme abdichten. Diese ist über die Schenkellänge hinaus auszuführen. Schenkellänge : ca. 7 cm			
Entfeuchtungsgerät	Wo		191,36
Einsatz eines Gerätes zur Mauerentfeuchtung durch den Entzug der Luftfeuchtigkeit in den behandelten Räumen. Im Pauschalpreis sind auch der Auf- und Abbau, die Wartung, das Entsorgen des anfallenden Wassers sowie der Transport des Entfeuchtungsgerätes enthalten. Grundvorhaltedauer : 1 Woche			

Stabilisierung Mauerwerk, Anker	E	h	Preis
Bohrung für MW-Anker, 30 mm	m	0,80	84,44
Bohrung, erschütterungsfrei, für den Einbau von Nadelankern in Mauerwerk. Bohrung mit Anschlag von der Gebäudeaußenseite bis 10 cm vor Wandinnenkante, Bohrung mit Druckluft ausblasen und vor dem Verpressen wässern. Bohrdurchmesser : 30 mm Bohrlänge :			
Lagerfugen aufstemmen, Rissüberbrückung	m	0,20	11,64
Lagerfugen in Natursteinmauerwerk aufstemmen oder aufschneiden, zum Einbau von Spiralankern zur Rissüberbrückung, einschl. Schuttentsorgung. Mauerwerk : ..... Tiefe : bis 30 mm			

Spiralanker ESt, Rissüberbrückung, 6 mm	St	0,37	44,20

Spiralanker aus Edelstahl, in freigelegte Lagerfugen, zur Rissüberbrückung, nach Einlegen der Anker geöffnete Fugen schließen; die Mauerrisse müssen durch den Anker beidseitig 300 mm überdeckt werden.

Mauerwerk	:	.....
Einbautiefe im MW	:	25 cm
Werkstoff-Nr.	:	1.4571
Durchmesser	:	6 mm
Ankerlänge	:	60 cm
Angeb. Fabrikat	:	.....

Spiralanker m.Endverankerung,Rissüberbr.	St	0,40	52,93

Spiralanker aus Edelstahl mit Endverankerung, in freigelegte Lagerfugen, zur Rissüberbrückung (Mauerwerksvernadelung), nach Einlegen der Anker geöffnete Fugen schließen. Die Mauerrisse müssen durch die Anker beidseitig 300 mm überdeckt werden.

Mauerwerk	:	.....
Einbautiefe im MW	:	25 cm
Werkstoff-Nr.	:	1.4571
Durchmesser	:	8 mm
Ankerlänge	:	60 cm
Angeb. Fabrikat	:	.....

Verpressanker Edelstahl, D=12 mm	m	0,40	385,52

Spiral-Verpressanker aus Edelstahl, in vorhandene Bohrlöcher einbauen und verpressen. Das Verpressmaterial ist in einer gesonderten Position erfasst.
Ständige Kontrolle des Mauerwerks während des Verpressens ist erforderlich.

Werkstoff-Nr.	:	1.4571
Durchmesser	:	12 mm
Ankerlänge	:	.....
Bohrlochgröße	:	.....
Mauerwerk	:	.....
Angeb. Fabrikat	:	.....

Verpressanker ESt, m. Kopfplatte, 100 cm	St	0,30	45,65

Verpressanker aus Edelstahl, spiralförmig, mit einseitig angeschweißter Kopfplatte, mit Schraubmuttern vertikal einbauen und verpressen. Das Verpressmaterial ist in einer gesonderten Position erfasst.
Ständige Kontrolle des Mauerwerks während des Verpressens ist erforderlich.

Werkstoff-Nr. : 1.4571
Durchmesser : 12 mm
Ankerlänge : 100 cm
Kopfplatte : d=80 mm
Bohrlochgröße : .....
Mauerwerk : .....
Angeb. Fabrikat : .....

Kopfplatten für Verpressanker	St	0,15	16,22

Kopfplatten mit Schraubmuttern aus Edelstahl, zur Vorspannung der Verpressanker; Anzugsmoment nach Angabe der Tragwerksplaner.

Durchmesser : 80 mm
Plattendicke : 5 mm
Angeb. Fabrikat : .....

Injektionsstutzen setzen, Loch vermört.	St	0,10	9,56

Einpressstutzen (Injektionspacker) für Ankerverpressung wie folgt:

- Presspacker in vorhandene Bohrlöcher setzen
- Nach dem Verpressvorgang Presspacker entfernen
- Bohrlöcher bis Bohrlochvorderkante glatt vermörteln
- Bauschutt entsorgen

Anzahl Pressstellen : ..... Stück/m²
Durchmesser : 22 mm

Verpressmörtel, Mauerwerksverankerung	kg	0,01	2,91
Verpressmörtel als Injektionsmischung liefern, für Injektion in Ankerlöcher aufbereiten. Verpressmaterial : Mörtel NM III Verpressstellen : ..... Angeb. Fabrikat :			

Rissesanierung/Hohlraumfüllung	**E**	**h**	**Preis**
Risse in Mauerwerk ausräumen, reinigen	m	0,23	14,24
Risse in Mauerwerk öffnen und mechanisch von losem Altmörtel mit Druckluft oder Wasserdruck reinigen, ohne zu übernässen, inkl. Entsorgung des anfallenden Schutts. Rissbreite : bis 25 mm Mauerwerk :			
Bohrung in Rissen, 30 mm	m	0,85	90,79
Bohrungen in Mauerwerksrissen, zum Verfüllen von Hohlräumen und Rissen. Bohrungen mit Druckluft ausblasen und wässern, Bohrabstände nach Angaben des Planers. Durchmesser : 30 mm Bohrlänge :			
Einpressstutzen setzen	St	0,25	18,20
Einpressstutzen wie folgt einbauen: • Bohrlöcher, Durchmesser 40 mm, in entsprechender Bohrtiefe herstellen • Presspacker liefern, einbauen und befestigen • Nach dem Verpressvorgang Presspacker entfernen und die Bohrlöcher vermörteln • Bauschutt entsorgen. Anzahl der Pressstellen : ..... Stück/m²			

Mauerhohlräume bewässern	St	0,80	37,85
Mauerhohlräume zum besseren Verlauf des Injektionsgutes mindestens drei Stunden vor dem Verpressen, sowie einmal kurz davor über die Presspacker satt bewässern. Wand- und Bodenflächen reinigen.			
Risse in MW, Injektionsverfahren	**m**	**0,70**	**43,68**
Risse in Mauerwerk mit Injektionsmörtel bzw. Suspensionen in Niederdruckverfahren füllen wie folgt: • 3 bis 5 Bohrkanäle herstellen • Bohrstaub ausblasen • Einfüllstutzen anbringen • Risseverdämmung herstellen • Verpressen des Injektionsmaterials • Einfüllstutzen entfernen • Bohrlöcher verschließen • Risse oberflächengleich überarbeiten Wanddicke : 36,5 cm			
Injektion Mauerwerk, < 1 t	**kg**	**0,03**	**3,53**
Injektion der Hohlräume im Mauerwerk mit mineralischer Suspension, mit plastifizierten, quellenden Zusätzen unter steigendem Druck bis zur ausreichenden Sättigung verpressen. Materiallieferung, Maschinenanlage, sowie Bearbeitung im Preis enthalten: Die Abrechnung erfolgt nach dem Gewicht des eingepressten Trockengutes. Injektionsmittel : bis 1 t			
Pflanzenwuchsschäden ausbessern, MW	**n.A.**	**0,60**	**33,69**
Pflanzenwuchs aus Mauerwerk sorgfältig entfernen, starke Wurzeln ausstemmen und ausbrennen. Wurzelgift in Hohlräume eingießen, bzw. bei hartnäckigen Fällen über Presspacker injizieren. Soweit erforderlich Steine entfernen, später wieder einsetzen. Wurzelwerk und Schutt laden, abfahren; Deponiegebühren werden gesondert vergütet.			

Mauerwerksrisse ausspritzen, 5-25 mm	m	0,45	35,56

Mauerwerksrisse öffnen, mit Druckluft säubern und im Handspritzmörtelverfahren in voller Risstiefe schließen, als Tiefenverfugung durch überdeckendes punktuelles Spritzen.
Verfüllmörtel : NM III
Rissbreiten : ca. 5 - 25 mm
Angeb. Fabrikat : .....

Maueraustausch/Steinersatz

	E	h	Preis
Steinersatz Natursteinwand, 50/30/30 cm	St	0,40	70,92

Steinersatz; Naturwerksteine, beschädigt, aus gemauerter Natursteinwand vorsichtig ausbauen, Mörtel aus den Stoß- und Lagerfugen entfernen, Randflächen säubern.
Bauschutt entsorgen. Neue Steine in gleichen Abmessungen und gleicher Steinart unter Verwendung von Mauer- und Fugenmörtel gleicher Rezeptur einbauen. Ansichtsfläche reinigen.
Steinart : .....
Abmessungen : bis 50/30/30 cm
Art des Fugenmörtels : .....
Fugenbreite : .....

Steinersatz gemauerte Wände	St	0,17	14,66

Steinersatz; Ziegelsteine aus gemauerter Wand ausbauen, Mörtel aus den Stoß- und Lagerfugen entfernen, Flächen reinigen. Schutt entsorgen. Neue Steine in gleichen Abmessungen und gleicher Steinart, unter Verwendung von Mauer- und Fugenmörtel der gleichen Rezeptur, einbauen. Ansichtsfläche reinigen.
Ziegelart : .....
Abmessungen : .....
Ziegelfarbe : .....
Art des Fugenmörtels : .....
Fugenbreite : .....

Mauerwerksaustausch, Misch-MW, <1,0 m²	m³	8,00	730,08

Mauerwerksaustausch von Mischmauerwerk (z. B. Bruchstein und Ziegel). Altmauerwerk in kleinen Flächen abbrechen, Lücken mit wiederverwendbaren oder neuen Steinen schließen, einschl. Lieferung neuer Steine sowie Entsorgung des Bauschutts.

Altmauerwerk	:	....
Mörtel	:	NM II
Wanddicke	:	bis 100 cm
Wiederverwendbarkeit	:	ca. 30%
Größe Einzelflächen	:	0,5 bis 1,0 m^2

Abdichtung Wände, Injektionen

	E	h	Preis
Packer setzen, Mauerwerkinjektage	St	0,06	4,99

Injektionsrohr (Packer) für Druckinjektage setzen, für Mauerwerksanierung gegen aufsteigende Feuchtigkeit. Injektage wird gesondert vergütet.

Druckinjektage, MW-Sanierung, Epoxidarz	kg	0,14	30,99

Druckinjektage zur Mauerwerksanierung gegen aufsteigende Feuchtigkeit, für elastische, dehnfähige Abdichtung von wasserführenden Rissen in Mauerwerk, einschl. Bohrarbeiten. Einbringen des Injektionsmaterials mittels Injektionspumpe mit Manometer und regelbarem Druck.
Abrechnung nach tatsächlicher Einpressmenge in kg.

Injektionsmaterial	:	Epoxid-Harz
Verbrauch	:	1,2 l/m^2 Hohlraum
Angeb. Fabrikat	:	.....

Bohrlochinjektion, Handpresse, 18 cm	m	0,70	54,91

Horizontalsperre in Wänden gegen kapillar aufsteigende Feuchtigkeit, mechanisch, im Handdruckverfahren, wie folgt:

- Bohrlöcher entsprechend Mauerwerksgefüge und Mauerwerksart herstellen
- Bohrlöcher reinigen, ausblasen
- Injektion des Abdichtungsgels mittels Handpresse, bis zur Sättigung des Mauerwerks
- Bohrlöcher mit Vergussmörtel schließen und Oberfläche angleichen

Bauteil	:	.....
Mauerwerk	:	.....
Bohrlochdurchmesser	:	ca. 15 mm
Bohrtiefe	:	MW-Dicke minus 5 cm
Bohrlochabstand	:	bis 15 cm, nach Erfordernis
Anzahl Bohrlochreihen	:	1
Injektionsmittel	:	.....
Wirkungsprinzip	:	.....
Mauerdicke	:	ca. 18 cm
Angeb. Verfahren	:	.....

Schleierinjektion, Vertikalabdichtung	m^2	1,70	226,72

Schleierinjektion als Vertikalabdichtung im Niederdruckverfahren, gegen drückendes Wasser von außen an Mauerwerks-Außenwand, wie folgt:

- Reinigen der Wandflächen
- Analyse der Wandbeschaffenheit
- Festlegung des Bohrrastermaßes, Beurteilung der Verbrauchsmenge des Injektionsgels
- Bohrungen im festgelegten Rastermaß ausführen, in jeder zweiten Reihe um einen halben Achsabstand versetzt; Bohrschutt entsorgen, Bohrstaub ausblasen
- Injektionspacker setzen und Injektion vornehmen
- Einpressung im Niederdruckverfahren bis zur Sättigung des angrenzenden Erdreichs
- Bohrlöcher mit dichtendem Mörtel schließen

Bauteil	:	Keller-Außenwand
Wanddicke	:	ca. 50 cm
Art des Mauerwerks	:	.....
Arbeitsdruck	:	< 10 bar
Bohrlochdurchmesser	:	.....
Bohrlochabstand	:	voraussichtl. 50 cm
Injektionsmittel	:	.....
Eigenschaften Injekt.Gel	:	niedrige Viskosität, temperatur- und chemikalienbeständig, formstabil, gute Haftung, physiologische Unbedenklichkeit
Angeb. System	:	.....

Flächeninjektion, Vertikalabdicht., 38cm	m^2	1,80	286,00

Flächenabdichtung von Mauerwerk, nachträglich, durch Flächeninjektion eines porenverfüllenden Gels im Hochdruckverfahren, als Vertikalabdichtung gegen drückendes Wasser von außen an Mauerwerks-Außenwand, wie folgt:

- Reinigen der Wandflächen
- Analyse der Wandbeschaffenheit
- Festlegung des Bohrrastermaßes, Beurteilung der Verbrauchsmenge des Injektionsgels
- Bohrungen im festgelegten Rastermaß ausführen, in jeder zweiten Reihe um einen halben Achsabstand versetzt; Bohrschutt entsorgen, Bohrstaub ausblasen
- Injektionspacker setzen und Injektion vornehmen
- Einpressung im Hochdruckverfahren bis zur Sättigung des angrenzenden Erdreichs
- Bohrlöcher mit dichtendem Mörtel schließen

Bauteil	:	Keller-Außenwand, monolithisch
Wanddicke	:	ca. 38 cm
Art des Mauerwerks	:	.....
Arbeitsdruck	:	bis 50 bar
Bohrlochdurchmesser	:	ca. 14 mm
Bohrlochabstand	:	ca. 12 cm
Injektionsmittel	:	Polyacrylat-/ Polyurethan-Gel mehrkomponentig
Injektionshäufigkeit	:	mehrmalig
Angeb. System	:	.....

4/2 Betonarbeiten

Balkonsanierung

	E	h	Preis
Instandsetzungsmörtel Balkon, Kunstharz	m²	0,75	184,08

Kunstharz-Mörtelbelag mit Gefälle auf Betonkragplatte des instand zusetzenden Balkons, inkl. abgesandeter Grundierung und Randabstellung aus Schaumstoffstreifen an Wänden.

Verbrauch Grundierung : ca. 300 g/m²
Quarzsand-Abstreuung : 1,5 - 2 kg/m²
Material Mörtel : 2-komponentiger Epoxidharz-Mörtel
Belagdicke i.M. : 20 mm
Gefälle : 1,5 %
Angeb. Fabrikat : .....

	E	h	Preis
Hohlkehle, Kunstharzmörtel, Balkon	m	0,15	18,30

Hohlkehle aus Kunstharzmaterial, für Kunstharz-Mörtelbelag auf Balkonplatte, an aufgehenden Bauteilen im Zuge von Instandsetzungsarbeiten; inkl. Grundierung, Randabstellung mit Schaumkunststoffstreifen und Abdichtung der Randfuge.

Material : Epoxid-Kunstharzmörtel
Verbrauch : ca. 1,5 kg/m
Randfuge : elasto-plastische Fugenmasse u. Hinterfüllprofil
Fugenbreite : .....
Angeb. Fabrikat : .....

Bauwerksprüfungen

	E	h	Preis
Feuchtegehalt Beton prüfen, Darrversuch	m²	0,15	11,85

Feuchtegehalt von Betonbauteil feststellen durch Entnahme von Proben aus unterschiedlichen Tiefen durch Darrversuch.
Die Lage der Messstellen markieren und Ergebnis protokollieren.

Bauteil : .....
Lage : .....

Wassereindringtiefe prüfen	m^2	0,04	2,70
Wasseindringtiefe von Betonbauteil feststellen mittels Wassereindringprüfer. Die Lage der Messstellen markieren und Ergebnis protokollieren. Bauteil : ..... Lage :			
Fremdüberwachung, Betonerhaltung	psch		560,56
Fremdüberwachung für Beton, einschl. Erstellen eines Überwachungsprotokolls. Bauteil : ..... Erhaltungsarbeiten :			

Betonsanierung Bauteile **E** **h** **Preis**

Betonsanierung, Decke, komplett	m^2	1,60	194,48

Betonsanierung einer Bestandsdecke, als Komplettleistung, wie folgt:
- Abstemmen schadhafter Betonteile und Freilegen der Bewehrung
- freigelegte Bewehrungsteile entrosten, durch Strahlen mit festem Strahlmittel
- gestrahlte Bewehrung mit 2-komponentiger Korrosionsschutzbeschichtung beschichten
- in zweiten Beschichtungsauftrag Quarzsand einbringen
- schadhafte Betonteile und Risse entstauben und vornässen, überschüssiges Wasser entfernen
- Herstellen von Bohrlöchern für Sanierungsinjektion und Setzen von Injektionspackern
- Risse durch Injizieren eines geeigneten 2-komponentigen Injektionsharzes verpressen
- Packer ausbauen und Löcher mit Reparaturmörtel schließen
- Kantenabbrüche nachprofilieren
- Betonschadflächen mit Kunstharzbindemittel grundieren
- Saniermörtel in Schadflächen einbringen und verdichten, Flächen abglätten
- Leistung einschl. Gerüststellung und Schutzmaßnahmen
- Abrechnung pro Gesamtfläche der Schadstellen

Deckendicke : bis 30 cm
Schadstellen in % der Gesamtfläche : ....
Größe Einzelflächen : .....
Reinheitsgrad Strahlen : Sa 2 1/2 (DIN 55938, Teil 4)
Schadhafte Kantenlängen : .....
Anzahl, Art der Injektionslöcher/-packer : .....
Angeb. System : .....

Betonsanierung, tragende Wand, komplett	m^2	1,75	213,20

Betonsanierung einer tragenden Bestandswand, als Komplettleistung, wie folgt:

- Abstemmen schadhafter Betonteile und Freilegen der Bewehrung
- freigelegte Bewehrungsteile entrosten, durch Strahlen mit festem Strahlmittel
- gestrahlte Bewehrung mit 2-komponentiger Korrosionsschutzbeschichtung beschichten
- in zweiten Beschichtungsauftrag Quarzsand einbringen
- schadhafte Betonteile, Risse entstauben, vornässen, überschüssiges Wasser entfernen
- Herstellen von Bohrlöchern für Sanierungsinjektion und Setzen von Injektionspackern
- Risse durch Injizieren eines geeigneten 2-komponentigen Injektionsharzes verpressen
- Packer ausbauen und Löcher mit Reparaturmörtel schließen
- Kantenabbrüche nachprofilieren
- Betonschadflächen mit Kunstharzbindemittel grundieren
- Saniermörtel in Schadflächen einbringen und verdichten, Flächen abglätten
- Leistung einschl. Gerüststellung und Schutzmaßnahmen
- Abrechnung pro Gesamtfläche der Schadstellen

Wanddicke	:	bis 30 cm
Schadstellen in % der Gesamtfläche	:	bis 20 %
Größe Einzelflächen	:	.....
Reinheitsgrad Strahlen	:	Sa 2 1/2 (DIN 55938, Teil 4)
Schadhafte Kantenlängen	:	.....
Anzahl, Art der Injektionslöcher/-packer	:	.....
Angeb. System	:	.....

Betonsanierung, Unterzug 25/40, komplett	m	1,70	204,88

Betonsanierung eines Bestands-Unterzugs, als Komplettleistung, wie folgt:

- Abstemmen schadhafter Betonteile und Freilegen der Bewehrung
- freigelegte Bewehrungsteile entrosten, durch Strahlen mit festem Strahlmittel
- gestrahlte Bewehrung mit 2-komponentiger Korrosionsschutzbeschichtung beschichten
- in zweiten Beschichtungsauftrag Quarzsand einbringen
- Schadhafte Betonteile, Risse entstauben, vornässen, überschüssiges Wasser entfernen
- Herstellen von Bohrlöchern für Sanierungsinjektion und Setzen von Injektionspackern
- Risse durch Injizieren eines geeigneten 2-komponentigen Injektionsharzes verpressen
- Packer ausbauen und Löcher mit Reparaturmörtel schließen
- Kantenabbrüche nachprofilieren
- Betonschadflächen mit Kunstharzbindemittel grundieren
- Saniermörtel in Schadflächen einbringen und verdichten, Flächen abglätten
- Leistung einschl. Gerüststellung und Schutzmaßnahmen
- Abrechnung nach Länge Unterzug

Querschnitt Unterzug	:	ca. 25/40 cm
Schadstellen in % der Gesamtfläche	:	bis 30 %
Reinheitsgrad Strahlen	:	Sa 2 1/2 (DIN 55938, Teil 4)
Schadhafte Kantenlängen	:	.....
Anzahl, Art der Injektionslöcher/-packer	:	.....
Angeb. System	:	.....

Betonsanierung, Unterzug 40/60, komplett	m	2,00	250,64

Betonsanierung eines Bestands-Unterzugs, als Komplettleistung, wie folgt:

- Abstemmen schadhafter Betonteile und Freilegen der Bewehrung
- freigelegte Bewehrungsteile entrosten, durch Strahlen mit festem Strahlmittel
- gestrahlte Bewehrung mit 2-komponentiger Korrosionsschutzbeschichtung beschichten
- in zweiten Beschichtungsauftrag Quarzsand einbringen
- Schadhafte Betonteile, Risse entstauben, vornässen, überschüssiges Wasser entfernen
- Herstellen von Bohrlöchern für Sanierungsinjektion und Setzen von Injektionspackern
- Risse durch Injizieren eines geeigneten 2-komponentigen Injektionsharzes verpressen
- Packer ausbauen und Löcher mit Reparaturmörtel schließen
- Kantenabbrüche nachprofilieren
- Betonschadflächen mit Kunstharzbindemittel grundieren
- Saniermörtel in Schadflächen einbringen und verdichten, Flächen abglätten
- Leistung einschl. Gerüststellung und Schutzmaßnahmen
- Abrechnung nach Länge Unterzug

Querschnitt Unterzug	:	ca. 40/60 cm
Schadstellen in % der Gesamtfläche	:	bis 30 %
Reinheitsgrad Strahlen	:	Sa 2 1/2 (DIN 55938, Teil 4)
Schadhafte Kantenlängen	:	.....
Anzahl, Art der Injektionslöcher/-packer	:	.....
Angeb. System	:	.....

Betonsanierung, Stütze 30/30, komplett	m	1,70	189,28

Betonsanierung einer Bestands-Stütze, als Komplettleistung, wie folgt:

- Abstemmen schadhafter Betonteile und Freilegen der Bewehrung
- freigelegte Bewehrungsteile entrosten, durch Strahlen mit festem Strahlmittel
- gestrahlte Bewehrung mit 2-komponentiger Korrosionsschutzbeschichtung beschichten
- in zweiten Beschichtungsauftrag Quarzsand einbringen
- schadhafte Betonteile, Risse entstauben, vornässen, überschüssiges Wasser entfernen
- Herstellen von Bohrlöchern für Sanierungsinjektion und Setzen von Injektionspackern
- Risse durch Injizieren eines geeigneten 2-komponentigen Injektionsharzes verpressen
- Packer ausbauen und Löcher mit Reparaturmörtel schließen
- Kantenabbrüche nachprofilieren
- Betonschadflächen mit Kunstharzbindemittel grundieren
- Saniermörtel in Schadflächen einbringen und verdichten, Flächen abglätten
- Leistung einschl. Gerüststellung und Schutzmaßnahmen
- Abrechnung nach Höhe Stütze

Querschnitt Stütze	:	ca. 30/30 cm
Schadstellen in % der Gesamtfläche	:	bis 30 %
Reinheitsgrad Strahlen	:	Sa 2 1/2 (DIN 55938, Teil 4)
Schadhafte Kantenlängen	:	.....
Anzahl, Art der Injektionslöcher/-packer	:	.....
Angeb. System	:	.....

Betonsanierung, Stütze 40/50, komplett	m	2,00	236,08

Betonsanierung einer Bestands-Stütze, als Komplettleistung, wie folgt:

- Abstemmen schadhafter Betonteile und Freilegen der Bewehrung
- freigelegte Bewehrungsteile entrosten, durch Strahlen mit festem Strahlmittel
- gestrahlte Bewehrung mit 2-komponentiger Korrosionsschutzbeschichtung beschichten
- in zweiten Beschichtungsauftrag Quarzsand einbringen
- schadhafte Betonteile, Risse entstauben, vornässen, überschüssiges Wasser entfernen
- Herstellen von Bohrlöchern für Sanierungsinjektion und Setzen von Injektionspackern
- Risse durch Injizieren eines geeigneten 2-komponentigen Injektionsharzes verpressen
- Packer ausbauen und Löcher mit Reparaturmörtel schließen
- Kantenabbrüche nachprofilieren
- Betonschadflächen mit Kunstharzbindemittel grundieren
- Saniermörtel in Schadflächen einbringen und verdichten, Flächen abglätten
- Leistung einschl. Gerüststellung und Schutzmaßnahmen
- Abrechnung nach Höhe Stütze

Querschnitt Stütze	:	ca. 40/50 cm
Schadstellen in % der Gesamtfläche	:	bis 30 %
Reinheitsgrad Strahlen	:	Sa 2 1/2 (DIN 55938, Teil 4)
Schadhafte Kantenlängen	:	.....
Anzahl, Art der Injektions-löcher/-packer	:	.....
Angeb. System	:	.....

4/3 Zimmer- und Holzbauarbeiten

Decken/Deckenbekleidung	E	h	Preis
Deckenbalken freil.,erneuern,FI/KI,18/26	m	1,60	101,40

Deckenbalken freiliegend, in folgender Ausführung erneuern:
- statisch erforderliche Abstützungsmaßnahmen und Gerüste einbauen
- Balken in Teilstücken oder in voller Spannweite aus den Verbindungen lösen
- Neue Balkenstücke oder Balken einbauen und mit fachgerechten Holzverbindungen an vorhandene Holzteile anschließen
- Abstützungen und Gerüste entfernen

Holzart : Fichte/Kiefer
Schnittklasse : S 13 oder wiederverwendbares Altholz
Querschnitt : 18/26 cm
Achsabstand : bis 1,00 m

	E	h	Preis
Balkenkopf erneuern	St	4,00	231,92

Balkenkopf in folgender Ausführung erneuern:
- statisch erforderliche Abstützungsmaßnahmen und Gerüste einbauen,
- beschädigten Balkenkopf vom unbeschädigten Balken abtrennen und in Teilstücken aus dem Auflager ausbauen und entsorgen
- Balkenauflager reinigen und auf tierischen und pflanzlichen Befall untersuchen,
- Neuen Balkenkopf in das vorhandene Wandauflager einbauen,
- Hirnholz mit Bitumenpappe schützen,
- neuen Balkenkopf mit fachgerechter Holzverbindung an vorhandenen Balken
- Auflageröffnung allseitig schließen,
- Abstützung und Gerüste entfernen.

Holzart : Fichte/Kiefer
Schnittklasse : .....
Querschnitt : .....

Balkenkopfsanierung, Balkenwechsel	St	3,30	196,56

Balkenkopfsanierung durch Balkenwechsel, wie folgt:
- Sicherung der Konstruktionsteile im Umfeld des zu sanierenden Balkenkopfes
- Aufnehmen des Bodenbelages (Parkett, Dielenboden etc.)
- Schüttung entfernen
- Fehlbodenbretter entfernen
- Abschneiden des geschädigten Balkenkopfes
- Einbau eines Balkens mit gleichem Querschnitt und gleicher Holzart als Wechsel oder Balkenkopf, Befestigung mit Balkenschuhen oder einer fachgerechten Holzverbindung
- Einbau eines neuen Fehlbodens mit Rieselschutzpappe
- Einbau der neuen Schüttung aus Schalldämmmaterial (Kies/Sand/Schlacke etc.)
- Schließen der Öffnung durch Einbau eines neuen Unterbodens aus Brettern oder wasserfesten Spanplatten, V100 E1
- Bauschutt entsorgen

Im Preis enthalten sind alle statisch erforderlichen Abstützungsmaßnahmen.

Sanierungslänge : bis 1000 mm
Balkenquerschnitt : .....
Sanierungsort : .....

Deckenbalken verstärken, Stahl	m	2,10	227,76

Deckenbalken mit U-Stahlprofil verstärken, wie folgt:
- Sicherung der Konstruktionsteile im Umfeld des geschädigten Deckenbalkens
- Entfernen der freigelegten, geschädigten Balkenteile bis auf den gesunden, tragfähigen Querschnitt
- Anlaschen von 2 U-Profilen/Balken, inkl. Bolzen, Verschraubungen etc.

Im Preis enthalten sind alle statisch erforderlichen Abstützungsmaßnahmen.

Stahl : S235JR
Profil : U 180
Einzellänge : .....
Einbauort : .....

Holzbalken einbauen, Holzbalkendecke	m	1,30	91,62
Holzbalken in Holzbalkendecke wie folgt einbauen: • Herstellen der neuen Auflager • Einbau der Deckenbalken • Einbau des Fehlbodens Balkenquerschnitt : 18/24 cm Balkenabstand : ..... Einbauort :			
Deckenbalkenlagen, Höhenausgl. bis 5 cm	**m**	**0,60**	**28,70**
Höhenausgleich durch Auffüttern der Deckenbalken mit Latten bzw. Bohlen inkl. notwendigem Befestigungsmaterial (Schrauben, Schraubnägel, Nägel etc.). Querschnitt : bis 5 /16 cm Balkenabstand : 60-80 cm Ausgleichshöhe : bis 5 cm			
Deckenbalken instandsetzen, Stahlschuhe	**m**	**2,50**	**153,92**
Deckenbalken instand setzen; Abschlagen des geschädigten Holzes bis an den gesunden Kern, Anlaschen des Deckenholzbalkens mit Stahlschuh inkl. Herstellen des Auflagers.			
Deckenbalken instandsetzen, U-Profil	**m**	**2,90**	**189,28**
Deckenbalken instandsetzen; Abschlagen des geschädigten Holzes bis an den gesunden Kern, Anlaschen von zwei U-Profilen inkl. Verschraubungen und Herstellen des Auflagers.			

Dachkonstruktion	**E**	**h**	**Preis**
Dach öffnen, Pfannendeckung	m^2	0,55	25,79
Dachdeckung entfernen. Dachziegel lagern, Dach anschließend wieder eindecken. Deckungsart : Pfannendeckung Ausbauort :			

Dach öffnen, Biberschwanz-Doppeldeckung	m^2	0,65	28,80
Dachdeckung entfernen. Dachziegel lagern, Dach anschließend wieder eindecken. Deckungsart : Biberschwanz-Doppeldeckung Ausbauort :			
Dachkonstruktion, Holz, komplett	m^3	2,45	829,14
Bauschnittholz aus Kantholz für Dachkonstruktion liefern, abbinden, aufstellen und verlegen, inkl. aller Anschlüsse, Auswechslungen und Kleineisenteile, soweit nicht gesondert beschrieben. Abbund für Dachaufbauten (Gaube, Turm etc.) gesondert. Dachform : ..... Dachneigung : ..... Traufhöhe : ..... Holzart : Fichte / Tanne / Kiefer Sortierklasse : S 10 nach DIN 4074-1 Holzfeuchte : trocken Festigkeitsklasse : C 24 Querschnitte : 6/6 bis 14/14 cm			
Pfette verstärken, Stahlprofil	St	1,00	58,03
Pfette verstärken durch Stahlprofil und Anschluss mit Dübel und zusätzlichem Sparren-Pfettenanker. Stahlprofil : ..... Dübel : ..... Dübelabstand : ..... Sparren-Pfettenanker Typ : ..... Sanierungsort :			
Sparren aufdoppeln	m	0,10	12,37
Sparren aufdoppeln mit Latte/Bohle. Querschnitt : bis ca. 5/14 cm Holzart : ..... Sanierungsort :			

Sparren verlängern, Anlaschen	St	0,70	53,56

Verlängerung des Dachsparrens durch Anlaschen, wie folgt:

- Neues Sparrenstück gleicher Dimension aus imprägniertem Bauholz
- beidseitiges seitliches Verlaschen der Sparrenquerschnitte, gemäß statischer Vorgabe

Sparrenquerschnitt : bis 20/20 cm
Holzart : FI/TA, S
Verlängerung : bis 60 cm

Aufschiebling erneuern, l/b 1,5m/12cm,FI	St	0,55	39,83

Aufschiebling vom Sparren lösen und entsorgen. Neuen Aufschiebling nach vorliegendem Muster, in gleicher Holzart anfertigen und der Dachneigung entsprechend auf dem Sparren befestigen.

Holzart : Fichte
Länge : bis 1,50 m
Breite : bis 12 cm
Höhe : bis 16 cm (am Überstand)
Oberfläche : gehobelt
Sanierungsort : .....

Holzdachrinne erneuern, 100 mm, LA	m	0,80	61,15

Holzdachrinne aus den Rinnenhaltern ausbauen und entsorgen. Neue Rinne nach vorliegendem Muster herstellen und in Halter nach vorgegebenem Gefälle einbauen.

Holzart : Lärche
Innendurchmesser : 100 mm
Dicke : ca. 35 mm

Holzdachrinne erneuern, 120 mm, LA	m	0,82	71,44

Holzdachrinne aus den Rinnenhaltern ausbauen und entsorgen. Neue Rinne nach vorliegendem Muster herstellen und in Halter nach vorgegebenem Gefälle einbauen.

Holzart : Lärche
Innendurchmesser : 120 mm
Dicke : ca. 45 mm

Dachkonstruktion instand setzen	E	h	Preis
Sparrenverbindung sichern, First	St	1,50	82,78
Sicherung loser, beschädigter oder nicht tragfähiger Firstverbindungen von Dachsparren durch seitliches Anlaschen von Furnierholzwinkeln. Die exakte Schenkellänge der Holzwerkstoffwinkel dem Schadensbild anpassen. Untergrund : Sparren, verformt Holzwerkstoff : FSH, d=39 mm Schenkellänge : ca. 50 cm			
Sparren sichern, Schwelle	St	0,55	33,59
Sichern von Sparren auf Fußpfette bzw. Schwelle durch Verschraubung mittels Doppelgewindeschrauben. Holzquerschnitte : ..... Holzart :			
Kehlbalken sichern, Metallverbinder	m	1,80	116,48
Kehlbalkenverbindung zu Alt-Sparren, nicht mehr tragfähig, sichern, mit Metallverbindern, inkl. Bohrungen in Sparren und Kehlbalken; Schraubenköpfe versenken. Balkenquerschnitt : ..... Holzart :			
Windverband, Edelstahl, Altkonstruktion	m	0,25	23,50
Windverband (Windrispen) für alte Sparren-Dachkonstruktion aus Edelstahlbändern ohne Vorkonfektionierung, zur Aussteifung des Dachstuhls. Anschluss der Bänder mittels Spannschlössern und Bandschlusswinkeln, inkl. Zuschneiden und Bohrung der Bänder sowie Verankerung im Traufbereich. Werkstoff : Edelstahl Querschnitt : 80/2 mm Einzellängen : bis 10 m Angeb. Fabrikat :			

Fußpfette erneuern, 12/16 cm, Fl	m	0,80	50,23

Fußpfette ausbauen; vorher Hilfsabstützung am Sparren anbringen; Bauschutt entsorgen.
Neue Fußpfette in gleicher Form und Holzart einbauen und mit ein oder zwei fachgerechten Stoßverbindungen an dem verbliebenen Teil der Fußpfette befestigen. Sparren an der Fußpfette befestigen.
Im Preis enthalten sind alle statisch erforderlichen Abstützungsmaßnahmen.

Holzart	:	Fichte
Querschnitt	:	12/16 cm
Oberfläche	:	sägerau
Sanierungsort	:	.....

Kehlsparren in Teilstücken erneuern	St	2,40	186,16

Kehlsparren in Teilstücken erneuern, wie folgt:
- Kehlsparren trennen und ausbauen, inkl Abstützung
- Liefern, Abbinden, Einbauen des neuen Kehlsparren-Stücks, inkl. aller Befestigungen

Holzart	:	Fichte / Tanne
Sortierklasse	:	S10
Querschnitt	:	bis 20/20 cm
Einzellänge	:	ca. 2,0 m

Stichbalken erneuern, 12/16 cm, Fl	m	0,80	56,99

Stichbalken am Fuß eines Krüppelwalmes ausbauen; vorher Hilfsabstützung am Sparren anbringen.
Entsorgung des beschädigten Balkens. Neuen Stichbalken in gleicher Form, Holzart und Verbindung am Sparren befestigen, Hilfsabstützung entfernen.

Holzart	:	Fichte
Querschnitt	:	12/16 cm
Oberfläche	:	sägerau
Sanierungsort	:	.....

Kniestockstiel erneuern, 12/12 cm, FI	m	0,90	60,21

Kniestockstiel ausbauen und entsorgen. Neuen Kniestockstiel in gleicher Form, Holzart und Holzverbindung an der Fuß- und Kniestockpfette befestigen.
Im Preis enthalten sind alle statisch erforderlichen Abstützungsmaßnahmen.

Holzart	:	Fichte
Querschnitt	:	12/12 cm
Oberfläche	:	sägerau
Sanierungsort	:	.....

Dachsparren erneuern, 10/14 cm, FI	m	0,60	40,14

Dachsparren nach dem Einbau einer Notabstützung unter den belasteten Konstruktionsteilen vorsichtig aus den Anschlussverbindungen lösen, ausbauen; Bauschutt entsorgen. Neuen Dachsparren in gleicher Form und Holzart einbauen und die Anschlussverbindungen in vorgefundener Art herstellen.

Holzart	:	Fichte
Querschnitt	:	10/14 cm
Oberfläche	:	sägerau
Sanierungsort	:	.....

Kaiserstiel erneuern, 20/20 cm, FI	m	2,60	127,92

Kaiserstiel am Turmdach durch vorsichtiges Lösen der Befestigungen an den Sparren, Zangen usw. ausbauen und entsorgen. Neuen Kaiserstiel in gleicher Form und Holzart einbauen. Anliegende Holzbauteile in vorgefundener Art am Kaiserstiel befestigen.
Statisch erforderliche Abstützungsmaßnahmen sind im Preis nicht enthalten.

Holzart	:	Fichte
Querschnitt	:	20/20 cm
Oberfläche	:	sägerau
Sanierungsort	:	.....

Kopfband ersetzen, 14/14 cm, Fl, l=1,0 m	m	1,10	69,47

Kopfband einbauen und beidseitig mit Zapfenverbindung an Konstruktionshölzer anschließen. Zapfenverbindungen beidseitig mit Eichenholznägel sichern.
Holzart : Fichte
Querschnitt : 14/14 cm
Länge : 1,00 m
Oberfläche : sägerau
Lochdurchmesser für
Holznagel : .....
Material des Holznagels : Eiche
Abmessungen : .....

Bekämpfung Hausschwamm - Sonderverfahren	**E**	**h**	**Preis**
Vorbereitende Maßnah.,Heißluft, Schwamm	n.A.		0,00

Vorbereitende Maßnahmen der Bekämpfung des Echten Hausschwamm mit Heißluft nach DIN 68800-4:2012-02, Anhang E, wie folgt:
- Schließen und Dämmen von Bauwerks- oder Bauteilen
- Im Bedarfsfalle zusätzliches Abdichten der Dachflächen
- Schutzabdeckung mit Dämmstoffen für hitzeempfindliche Gegenstände, Materialien und Bauteile (z.B. Bauteile aus Gips), die nicht aus dem Behandlungsraum entfernt werden können, im Einzelfall kontrollierbar abdichten
- Von den zu behandelnden Holzoberflächen Staub und Schmutz zu entfernen

Alle Leistungen verstehen sich einschl. Materiallieferung für Abschottungs- und Schutzmaßnahmen sowie deren Beseitigung nach Abschluss der Arbeiten.
Bereich : .....
Bauteil : .....
Öffnungen/Größe : ..... / ..... cm
Material : .....
Sonstige Hinweise : .....

Bauteilfreilegung, Heißluft, Schwamm	n.A.		0,00

Verdeckte bzw. verkleidete Holzbauteile gemäß Holzschutzgutachten und/oder Fachplanung freilegen und nach der Heißluftbehandlung wieder einbauen.
Bauteil : .....
Sonstige Hinweise : .....

Raumöffnung schließen, Heißluft, Schwamm	m^2	0,24	16,64
Raumöffnungen wie Schächte, Auslässe, Kanäle u. dgl. sowie Dach- und sonstige Undichtigkeiten des im Heißluftverfahren zur Bekämpfung des Echten Hausschwamm zu behandelnden Raum schließen und ggf. gegen Wärmeverluste abdämmen; inkl. Beseitigung aller Maßnahmen nach Beendigung der Arbeiten. Bauteil : ..... Sonstige Hinweise :			
Hitzeschutz, Heißluft, Schwamm	m^2	0,10	6,55
Hitzeschutz für empfindliche Bauteile und Gegenstände, die nicht aus dem Raum entfernt werden können, durch Abdecken mit geeignetem Dämmmaterial. Bauteil : ..... Dämmmaterial :			

Bekämpfung Hausschwamm, Heißluft	m^2	0,08	6,55

Bekämpfung des Echten Hausschwamm mit Heißluft nach DIN 68800-4:2012-02, Anhang E und WTA-Merkblatt E-1-10/D„Sonderverfahren im Holzschutz, Teil 1: Bekämpfungsmaßnahmen" mit Auf- und Abbau der Heißluftgeräte inkl. Warmluftzufuhr und Probelauf wie folgt:

- Messstellen gemäß DIN 68800-4:2012-02, 9.3.5
- Behandlungsraum/-abschnitt mit zugelassenen Heißluftgeräten beheizen
- Laufende Temperaturmessung:
  - Temperatur an der Einmündung des Rohres in den Behandlungsraum
  - Durchschnittliche Raumlufttemperatur
  - Temperatur an Messstellen, insbesondere im Kernbereich zu behandelnder Hölzer
- Überwachung der Grenztemperaturen von gefährdeten Bauteilen
- laufende Überwachung der Luftfeuchte im Behandlungsraum
- Kontrolle der Luftströmung innerhalb des Behandlungsbereiches – Gewährleistung eines kontinuierlichen Wärmestromes (kein Luftstau!)
- Kontrolle der Abtötungstemperatur (Solltemperatur) und Haltezeit (Sollexpositionszeit)

Nach dem Erreichen der festgelegten Sollexpositionszeit die Heißluftzufuhr stufenweise zurück zu fahren, Abschaltung der Geräte gemäß Festlegungen Holzschutzgutachten/Fachplanung

Die Dokumentation mit Messprotokoll und der Raumskizze mit den Eintrittspunkten der Heißluft, den Messstellen sowie den Angaben zu Einbauten, Schutz- und Sicherungsmaßnahmen ist zu erbringen.

Bereich	:	.....
Behandlungsvolumen	:	..... m^3
Anzahl Messstellen	:	.....
Messverfahren	:	.....
Messintervalle	:	....
Sonstige Hinweise	:	.....

Heißluftbehandlung, Verläng.,Mehraufwand	m^3	0,05	2,64

Verlängerung der Heizphase infolge von nicht ausbaubaren bzw. ausreichend zu schützenden Einbauten, Geräten und Bauteilen (z.B. Bauteile aus Gips) durch Reduzierung der Behandlungstemperaturen (Raumluft/Bauteil) bei der Heißluftbehandlung.
Gegenstand : .....
Sonstige Hinweise : .....
Behandlungsvolumen : ..... m^3

Heißluftbehandlung,Prüfkörper,QS,Schwamm	St		182,00

Lieferung, Kennzeichnung, Ein-/Ausbau im Behandlungsbereich, Versand Prüfkörper (aktive Qualitätskontrolle/lebende Organismen Hausschwamm).
Ein Prüfkörper verbleibt als Referenzprobe (Nullprobe).
Prüfung der Prüfkörper. einschl. Referenzprobe in einem akkredierten Prüflabor inkl. Prüfbericht.

Bekämpfung Insekten, Heißluftverfahren	**E**	**h**	**Preis**
Heißluftbehandlung,Prüfkörper,QS,Insekt.	St		193,00

Lieferung, Kennzeichnung, Ein-/Ausbau im Behandlungsbereich, Versand Prüfkörper (aktive Qualitätskontrolle/lebende Organismen Insekten). Ein Prüfkörper verbleibt als Referenzprobe (Nullprobe). Prüfung der Prüfkörper. einschl. Referenzprobe in einem akkredierten Prüflabor inkl. Prüfbericht.

Bekämpfung mit elektrophysik. Verfahren	**E**	**h**	**Preis**
Elektrophysikal. Verfahren, Vorbereitung	n.A.		0,00

Vorbereitende Maßnahmen der Insektenbekämpfung mit Elektrophysikalischem Verfahren nach DIN 68800-4:2012-02, 10, wie folgt:
- partielles Freilegen von Bauteilen
- Bei Bedarf zusätzliches Abdichten der Dachflächen und/oder angrenzenden Bauteilen
- Schutzabdeckung mit Dämmstoffen für hitzeempfindliche Gegenstände, Materialien und Bauteile (z.B. Bauteile aus Gips), die nicht aus dem Behandlungsraum entfernt werden können, im Einzelfall kontrollierbar abdichten
- Von den zu behandelnden Holzoberflächen Staub und Schmutz entfernen

Alle Leistungen verstehen sich einschl. Materiallieferungen für Abschottungs- und Schutzmaßnahmen und sowie deren Beseitigung nach Abschluss der Arbeiten.
Bereich : .....
Bauteil : .....
Öffnungen/Größe : ..... / ..... cm
Material : .....
Sonstige Hinweise : .....

Bauteilfreilegung, Elektrophys.Verfahren	n.A.		0,00

Verdeckte bzw. verkleidete Holzbauteile, zweiseitig freilegen und nach der Bekämpfungsmaßnahme wieder einbauen.
Bauteil : .....
Sonstige Hinweise : .....

Hitzeschutz, Elektrophysik. Verfahren	m^2	0,08	6,55

Hitzeschutz für empfindliche Bauteile, Gegenstände, die an zu behandelnde Bauteile grenzen und nicht entfernt werden können, Abdecken mit geeignetem Dämmmaterial.
Bauteil : ....
Dämmmaterial : ....
Sonstige Hinweise : ...

Insektenbekämpfung, Elektrophys. Verf.	n.A.		0,00

Insektenbekämpfung mit Elektrophysikalischem Verfahren als bekämpfender Holzschutz nach DIN 68800-4:2012-02, mit An- und Abbau der elektrophysikalischen Geräte und Probelauf wie folgt:

- Messstellen gemäß DIN 68800-4:2012-02, 9.3.5, Festlegungen des Gutachters
- Bauteil mit zugelassenen Elektrophysikalischen Verfahren beheizen
- Laufende Temperatur- / Holzfeuchtemessung:
  - Temperatur an der Oberfläche des Bauteil
  - Holzfeuchte
  - Temperatur an den Messstellen

Die Temperatur wird während der elektrophysikalischen Heizphase kontinuierlich, letztmalig eine Stunde nach Abstellen der Geräte gemessen. Eine Dokumentation mit Messprotokoll, Raumskizze, Bauteilskizze/Fotos mit den Messstellen sowie den Angaben zu Einbauten, Schutz- und Sicherungsmaßnahmen ist zu erbringen.

Bereich (Raum) : .....
Bauteil : ....
Verfahren : ....
Letale Dosis : ....
Anzahl Messstellen : .....
Messverfahren : .....
Sonstige Hinweise : .....

Bekämpfung mit Begasungsverfahren	**E**	**h**	**Preis**
Begasung, erstickend wirkende Gase	n.A.		0,00

Insektenbekämpfung im Begasungsverfahren mit erstickend wirkenden Gasen nach DIN 68800-4:2012-02, 9.4,3. Einhaltung TRGS 512, Gefahrstoffverordnung sowie daraus resultierenden objektspezifischen Handlungsabläufen und Sicherheitsbestimmungen.
Das Verfahren ist nur für Teilbegasungen bzw. in stationären Anlagen geeignet

- Baustelleneinrichtung und –räumung
- Anmeldung der Begasung beim zuständigen Gewerbeamt einschl. Gebühren
- Betriebsanweisung einschl. der anfallenden Gebühren
- Einhausungen mit gasdichter Spezialfolie nach DIN 53536 A einschl. Nebenleistungen
- Dichtheitsprüfung der Einhausung
- Eingehaustes Volumen fachgerecht mit Begasungsmittel begasen
- Konzentrationsmessungen, Sicherstellung der Konzentration im zu behandelnden Volumen, Überwachung des Objektes bis zur endgültigen Freigabe
- messtechnische Überwachung des Klimas im Behandlungsraum
- Entfernen und fachgerechte Entsorgung des Abdichtmaterials
- Wirksamkeitsnachweis, Prüfkörper zum Nachweis der biologischen Wirksamkeit der Bekämpfung (Anzahl und Einbauort nach Vorgabe des Holzschutzsachverständigen, Prüfung in einem zugelassenen Prüflabor
- Dokumentation der Begasungsmaßnahme

Behandlungsraum	:	.....
Behandlungsvolumen	:	..... m^3
Begasungsmittel	:	.....
Begasungsdauer	:	..... Wochen
Lüftungsphase	:	..... h
Gesamtdauer	:	..... h
Luftdruck:	:	…..
Befähigungsschein-inhaber	:	.....
Sonstige Hinweise	:	.....
Besondere Sicherheits-maßnahmen	:	.....

Begasung, toxische Gase, Prüfkörper, QS	St		193,00

Lieferung, Kennzeichnung, Ein-/Ausbau im Behandlungsbereich, Versand Prüfkörper (aktive Qualitätskontrolle / lebende Organismen Insekten).
Ein Prüfkörper verbleibt als Referenzprobe (Nullprobe).
Prüfung der Prüfkörper einschließlich Referenzprobe in einem akkredierten Prüflabor einschließlich Prüfbericht.

Begasung, erstick. Gase, Prüfkörper, QS	St		193,00

Lieferung, Kennzeichnung, Ein-/Ausbau im Behandlungsbereich, Versand Prüfkörper (aktive Qualitätskontrolle / lebende Organismen Insekten).
Ein Prüfkörper verbleibt als Referenzprobe (Nullprobe).
Prüfung der Prüfkörper einschließlich Referenzprobe in einem akkredierten Prüflabor einschließlich Prüfbericht.

Dämmung auf Sparren	**E**	**h**	**Preis**
Gaubendämmung, Sanierung, PUR+OSB, 82 mm	m^2	0,40	56,88

Gauben-Aufdachdämmung für Dachsanierung, aus Verbundelementen, auf vorhandene Gaubenkonstruktion aus Holz (Schalung), bestehend aus:

- Luftdichtung aus mehrlagiger Folie
- Polyurethan-Dämmung
- außenseitige Kaschierung aus Holzwerkstoffplatten
- Schutzlage aus Rohglasvlies

Vorh. Konstruktion	:	Schalung/Alt-Dämmung
Dämmschicht	:	PUR/PIR
Dämmdicke	:	60 mm
WLS	:	024
Brandverhalten		
DIN EN 13501	:	E
Holzwerkstoffplatten	:	OSB
Plattendicke	:	22 mm
Gesamtelementdicke	:	82 mm
Gaubenform	:	.....
Gaubenform	:	.....
Dachneigung	:	.....
Angeb. Fabrikat	:	.....

Gaubendämmung, Sanierung, PUR+OSB,102 mm	m^2	0,40	63,85

Gauben-Aufdachdämmung für Dachsanierung, aus Verbundelementen, auf vorhandene Gaubenkonstruktion aus Holz (Schalung), bestehend aus:

- Luftdichtung aus mehrlagiger Folie
- Polyurethan-Dämmung
- außenseitige Kaschierung aus Holzwerkstoffplatten
- Schutzlage aus Rohglasvlies

Vorh. Konstruktion	:	Schalung/Alt-Dämmung
Dämmschicht	:	PUR/PIR
Dämmdicke	:	80 mm
WLS	:	024
Brandverhalten DIN EN 13501	:	E
Holzwerkstoffplatten	:	OSB
Plattendicke	:	22 mm
Gesamtelementdicke	:	102 mm
Gaubenform	:	.....
Gaubenform	:	.....
Dachneigung	:	.....
Angeb. Fabrikat	:	.....

Wärmedämmung Decken

	E	h	Preis
EPS+Spanplatte, Massivdecke, 260 mm	m^2	0,22	73,52

Wärmedämm-Element aus Polystyrol-Hartschaum kaschiert auf Holzspanplatte, auf oberste Massivdecke als nachträgliche Dämmung, mit Nut und Feder. Spanplatten an den Stößen verleimen.

Decke	:	Beton-/Ziegelelementdecke
Material	:	EPS
WLG	:	035
Gef. Baustoffklasse	:	B1
Anzahl der Lagen	:	1-lagig
Dämmdicke	:	260 mm
Anwendung	:	DZ
Emission Spanplatte	:	E1
Dicke	:	19 mm
Elementdicke	:	259 mm
Angeb. Fabrikat	:	.....

EPS+GF, Massivdecke, 85 mm, WLS 031	m^2	0,20	30,88

Wärmedämmung aus Polystyrol-Hartschaum, kaschiert mit Gipsfaserplatten, auf oberste Massivdecke als nachträgliche Dämmung verkleben. Dämmplatten mit Falz, im Verband verlegen.

Decke	:	Beton-/Ziegelelementdecke
Material	:	EPS
WLS	:	031
Brandverhalten	:	E
Dämmdicke	:	75 mm
Anwendung	:	DZ
Dicke GF-Platte	:	10 mm
Gesamtaufbau	:	85 mm
Plattenformat	:	1500/500 mm
Angeb. Fabrikat	:	.....

Innendämmung, mineralisch

	E	h	Preis
Innendämmung, MW, WLS 032, 100 mm	m^2	0,15	19,96

Innendämmung der Außenwand mit dicht eingebauten Mineralwolleplatten, Stützkonstruktion aus Holz oder Metallprofilen, wärmebrückenarm befestigt.

Dämmung	:	Mineralwolle, MW
Stützkonstruktion	:	.....
Dämmdicke	:	100 mm
WLS	:	032/033
Anwendung	:	WZ/WI
Brandverhalten EN 13501, WD	:	A2-s1,d0
Kaschierung	:	.....
Befestigungsart	:	.....
Angeb. Fabrikat	:	.....

Innendämmung, Perliteplatten, 100 mm	m²	0,30	55,74

Innendämmung der Außenwand aus kapillaraktiven Perlitedämmplatten, mit Kleber aus Leichtmörtel auf ebenen Untergrund; Verputz und Armierung in gesonderter Position.

Plattendicke	:	100 mm
Plattenformat	:	ca. 620/420
WLG	:	045
Wasserdampfdiffusions-widerstand	:	5-6
Wasseraufnahme	:	.....
Anwendung	:	WI
Brandverhalten	:	A1
Angeb. Fabrikat	:	.....

Kalzium-Silikatplatten, 60 mm	m²	0,45	88,08

Wandbekleidung und Innendämmung mit Brandschutzfunktion, aus Kalzium-Silikatplatten, mit zementgebundenem Kleber auf ebenen Untergrund, Fugen verspachteln.

Gef. Baustoffklasse	:	A1
Plattendicke	:	60 mm
Rohdichte	:	220 kg/m³
WLG	:	060-070

Innendämmung, Schaumglas, 80 mm	m²	0,20	52,83

Innendämmung aus Schaumglasplatten, wie folgt:

- bituminöser Voranstrich auf ebenen Untergrund
- Schaumglasplatten, verklebt
- Grundbeschichtung bzw. Spachtel mit Armierungsgewebe

Untergrund	:	.....
WLS	:	ca. 042
Rohdichte	:	100 - 115 kg/m³
Sorptionsfeuchte	:	.....
Wasserdampfdiff.	:	.....
Gef. Baustoffklasse	:	A1
Plattendicke	:	80 mm
Oberflächenvorbereitung	:	.....
Angeb. Fabrikat	:	.....

Innendämmung, Kunststoff	**E**	**h**	**Preis**
Innendämmung, EPS, WLG 035, 100 mm	m^2	0,15	17,16
Innendämmung der Außenwand mit Polystyrol-Hartschaumplatten, mechanisch und wärmebrückenarm befestigt. Dämmung : EPS Dämmdicke : 100 mm WLG : 035 Anwendung : WI Brandverhalten EPS : E Angeb. Fabrikat :			
Innendämmung, PUR, 80 mm	m^2	0,15	36,47
Innendämmung von Außenwänden mit aluminiumkaschierten Polyurethanplatten, mechanisch und wärmebrückenarm befestigt. Untergrund : Mauerwerk/Fachwerk Material : PUR Dämmdicke : 80 mm WLS : 024 Brandverhalten EN 13501 : E Anwendung : WZ/WI Kaschierung : Aluminium-Folie Angeb. Fabrikat :			

Innendämmung, PUR+CaSi-Platten, 66 mm	m^2	0,26	71,55

Innendämmung von Außenwänden mit Polyurethan-Verbundplatten, außenseitig mit Aluminium-Kaschierung als Dampfsperre, raumseitig mit Kalziumsilikatplatte. Geeignet für Putz- oder Beschichtungsauftrag, Dämmplatte mit Fremdfeder, mechanisch befestigt.

Untergrund	:	Mauerwerk/Fachwerk
Material	:	PUR
Dämmdicke	:	60 mm
WLS	:	024
Brandverhalten EN 13501	:	E
Anwendung	:	WZ/WI
CaSi-Platte	:	6 mm
Gesamtdicke	:	66 mm
Angeb. Fabrikat	:	.....

Innendämmung, Resolharzplatten, 80 mm	m^2	0,20	46,80

Innendämmung von Außenwänden mit kaschierten Resolharzschaumplatten, mechanisch und wärmebrückenarm befestigt.

Untergrund	:	Mauerwerk/Fachwerk
Material	:	Resolharz
Dämmdicke	:	80 mm
WLS	:	022
Brandverhalten EN 13501	:	C- s2 d0
Anwendung	:	WZ/WI
Kaschierung	:	Glasvlies/Aluminium
Angeb. Fabrikat	:	.....

Innendämmung, hochdämmend	E	h	Preis
Innendämmung, Kieselsäureplatten, 50 mm	m²	0,30	160,16

Innendämmung der Außenwand aus kapillaraktiver Mineralplatte aus Silicium-oxid (pyrogene Kieselsäure), mit Kleber aus Leichtmörtel auf ebenen Untergrund.

Plattendicke	:	50 mm
Plattenformat	:	.....
WLS	:	021
Rohdichte	:	165 kg/m³
Druckfestigkeit:	:	> 90 kPa
Brandverhalten		
DIN EN 13501-1	:	A2-s1, d0
Angeb. Fabrikat	:	.....

Innendämmung, VIP-Paneel+EPS, 50 mm	m²	0,40	263,12

Innendämmung der Außenwand aus Vakuumisolationspaneel, beidseitig mit Hartschaumplatte kaschiert. Dämmplatten dicht gestoßen, fugenfrei verkleben.

Untergrund	:	Massivwand, eben
Material	:	Vakuumisolationspaneel
WLS	:	007
Anwendung	:	WI-zg
Gef. Baustoffklasse	:	A1
Dämmdicke	:	30 mm
Baustoffklasse	:	B2
Kaschierung	:	2 x 10 mm EPS
Gesamtdicke	:	50 mm
Plattenformat	:	.....
Angeb. Fabrikat	:	.....

Innendämmung, VIP-Paneel, 15 mm	m²	0,35	200,72

Innendämmung der Außenwand aus Vakuumisolationspaneel, unkaschiert. Dämmplatten dicht gestoßen und fugenfrei verkleben.

Untergrund	:	Massivwand, eben
Material	:	Vakuumisolationspaneel
WLS	:	007
Anwendung	:	WI-zg
Gef. Baustoffklasse	:	A1
Dämmdicke	:	15 mm
Plattenformat	:	.....
Angeb. Fabrikat	:	.....

Innendämmung, VIP-Paneel, 30 mm	m²	0,40	253,76

Innendämmung der Außenwand aus Vakuumisolationspaneel, unkaschiert. Dämmplatten dicht gestoßen und fugenfrei verkleben.

Untergrund	:	Massivwand, eben
Material	:	Vakuumisolationspaneel
WLS	:	007
Anwendung	:	WI-zg
Gef. Baustoffklasse	:	A1
Dämmdicke	:	30 mm
Plattenformat	:	.....
Angeb. Fabrikat	:	.....

Leibungen, Innendämmung, VIP	m	0,35	77,16

Leibungen für Fenster/Tür bei nachträglicher Innen-Wanddämmung aus Vakuum-Isolationspaneelen.

Dämmdicke	:	.....
Leibungstiefe	:	300 cm

Einblasdämmung, Sprühdämmung	**E**	**h**	**Preis**
Zellulose-Einblasdämmung, Decke, 180 mm	m^2	0,30	27,87
Zellulose-Einblasdämmung, auf bzw. in oberste Geschossdecke, nachträglich, inkl. Herstellen und Wiederverschließen der Einblaslöcher. Dämmmaterial : Zellulose-Dämmstoff WLG : ca. 040 Brandverhalten : E Einbaudichte : > 50 kg/m^3 Dämmschichtdicke : 180 mm Angeb. Fabrikat :			
Innendämmung, Sprühverf.,Zellulose 100mm	m^2	0,50	35,15
Innendämmung, kapillaraktiv, für Wände mit starken Unebenheiten, aus Zellulose im Sprühverfahren. Dämmmaterial auf Wand sprühen, nach Austrocknung glätten; für Verputz mit Kalk- oder Lehmputzen geeignet. Dämmmaterial : Zellulose mit Kleberanteil Wärmeleitfähigkeit : ca. 045 Brandverhalten : B-s2,d0 Einbaudichte : ..... Dämmschichtdicke : 100 mm Angeb. Fabrikat :			

4/4 Abdichtungsarbeiten

Demontage/Abbruch	E	h	Preis
Bitumenbeschichtung entfernen	m^2	0,20	15,18
Bitumenbeschichtung auf Kelleraußenmauerwerk entfernen; Bauschutt entsorgen.			
KST-Noppenbahn, Abdichtung, rückbauen	m^2	0,18	13,72
Kunststoff-Noppenbahn zum Schutz der Abdichtung auf den erdberührenden Wandflächen entfernen. Angeb. Fabrikat :			

Gründungsbauteile	E	h	Preis
Voranstrich, Bodenabdichtung	m^2	0,08	4,78
Voranstrich aus Bitumenemulsion für Bodenabdichtung. Untergrund : ..... Einbauort : ..... Materialart :			
Abdichtung Feuchte, Boden, KMB	m^2	0,16	24,85
Abdichtung von Bodenflächen mit kunststoffmodifizierter Bitumendickbeschichtung als Spachtelmasse in zwei Arbeitsgängen, einschl. systembedingtem Voranstrich. Erster Arbeitsgang mit Kratzspachtel bis zum Erreichen der Trockenschichtdicke; mit zweiter Spachtelung abgleichen. Bauteil : Boden Einbausituation : ..... Untergrund : ..... Lage : ..... Belastungsart : Bodenfeuchte Trockenschichtdicke : mind. 3 mm			

Abdichtung n.dr.Wasser,Boden,mäßig,KMB	m²	0,22	26,53

Abdichtung von Bodenflächen mit kunststoffmodifizierter Bitumendickbeschichtung als Spachtelmasse und eingebetteter Gewebeverstärkung, in zwei Arbeitsgängen, einschl. systembedingtem Voranstrich.

Bauteil	:	Boden, innen
Untergrund	:	.....
Einbausituation	:	Nassraum
Lage	:	.....
Belastungsart	:	nicht drückendes Wasser, mäßige Beanspruchung
Trockenschichtdicke	:	mind. 3 mm

Erdberührte Bauteile	**E**	**h**	**Preis**
Kelleraußenwand vorbereiten	m²	0,75	48,77

Kelleraußenwand für nachträgliche Abdichtung vorbereiten, wie folgt:

- Reinigen der Flächen durch Hochdruck-Wasserstrahlen
- Entfernen von nicht ausreichend tragfähigen alten Putz-, Abdichtungs- oder Anstrich-Schichten, Bauschutt entsorgen
- Verschließen von Fehlstellen im Untergrund, mit schwindkompensiertem, schnellabbindendem Spachtel

Angeb. Fabrikat : .....

Abdichtungsflächen feinreinigen	m²	0,06	3,64

Abdichtungsflächen durch Abkehren und Absaugen feinreinigen. Reinigungsgut entsorgen.

Abdichtungsfläche	:	.....
Bauteil	:	.....

Spritzbewurf, netzartig, ca. 50 %	m²	0,15	10,29

Netzartiger Spritzbewurf für Wandflächen als Haftvermittler.

Auftrag	:	netzartig, ca. 50 %
Materialverbrauch	:	Zementmörtel
Angeb. Fabrikat	:	.....

Spritzbewurf, volldeckend	m^2	0,20	12,79
Volldeckenden Spritzbewurf auf Wandflächen als Haftvermittler. Materialverbrauch : Zementmörtel Angeb. Fabrikat :			
Sperrputz, 2-lagig, Altbauabdichtung	m^2	0,45	27,24
Sperrputz in zwei Lagen auf die vorbereiteten Wandflächen auftragen und oberflächenglatt abreiben. Materialverbrauch : Zementmörtel Angeb. Fabrikat :			
Nachträgliche Abdichtung, KMB	m^2	0,70	61,98
Nachträgliche Abdichtung der freiliegenden Kelleraußenwand, wie folgt: • Untergrund vornässen • Egalisierungsspachtel mit Dichtungsspachtel • Abdichtung mit kunststoffmodifizierter Bitumendickbeschichtung (KMB), inkl. Einarbeitung einer Lage Glasgewebe Belastungsart : Bodenfeuchte, nicht stauendes Sickerwasser Trockenschichtdicke : mind. 3,0 mm Angeb. Fabrikat :			
Voranstrich Bitumenlösung, Wände	m^2	0,03	3,74
Voranstrich für Abdichtungen mit Voranstrichmittel aus Bitumenlösung auf Kellerwände. Einbauort : ..... Angeb. Fabrikat :			

Abdichtung Feuchte, Wand, KMB	m^2	0,15	25,37

Abdichtung von erdberührten Wänden von außen mit kunststoffmodifizierter Bitumendickbeschichtung als Spachtelmasse in zwei Arbeitsgängen, einschl. systembedingtem Voranstrich. Erster Arbeitsgang mit Kratzspachtel bis zum Erreichen der Trockenschichtdicke; mit zweiter Spachtelung abgleichen.

Bauteil	:	Außenwand
Einbausituation	:	.....
Untergrund	:	.....
Belastungsart	:	Bodenfeuchte, nicht stauendes Sickerwasser
Einbauhöhe	:	.....
Flächendruck	:	.....
Trockenschichtdicke	:	mind. 3 mm

Abdichtung Feuchte, Boden, KMB	m^2	0,16	24,85

Abdichtung von Bodenflächen mit kunststoffmodifizierter Bitumendickbeschichtung als Spachtelmasse in zwei Arbeitsgängen, einschl. systembedingtem Voranstrich.
Erster Arbeitsgang mit Kratzspachtel bis zum Erreichen der Trockenschichtdicke; mit zweiter Spachtelung abgleichen.

Bauteil	:	Boden
Einbausituation	:	.....
Untergrund	:	.....
Lage	:	.....
Belastungsart	:	Bodenfeuchte
Trockenschichtdicke	:	mind. 3 mm

Abdichtung n.dr.Wasser,Wand,mäßig,KMB	m^2	0,22	27,45

Abdichtung von erdberührten Wänden mit kunststoffmodifizierter Bitumendickbeschichtung als Spachtelmasse in zwei Arbeitsgängen, einschl. systembedingtem Voranstrich.
Erster Arbeitsgang mit Kratzspachtel bis zum Erreichen der Trockenschichtdicke; mit zweiter Spachtelung abgleichen.

Bauteil	:	Außenwand
Einbaustelle	:	Innenseite
Untergrund	:	.....
Einbausituation	:	Nassraum
Lage	:	.....
Belastungsart	:	nicht drückendes Wasser, mäßige Beanspruchung
Trockenschichtdicke	:	mind. 3 mm

Abdichtung n.dr.Wasser,Boden,mäßig,KMB	m^2	0,22	26,53

Abdichtung von Bodenflächen mit kunststoffmodifizierter Bitumendickbeschichtung als Spachtelmasse und eingebetteter Gewebeverstärkung, in zwei Arbeitsgängen, einschl. systembedingtem Voranstrich.

Bauteil	:	Boden, innen
Untergrund	:	.....
Einbausituation	:	Nassraum
Lage	:	.....
Belastungsart	:	nicht drückendes Wasser, mäßige Beanspruchung
Trockenschichtdicke	:	mind. 3 mm

Abdichtung Sickerwasser, Wand, KMB	m^2	0,18	26,63

Abdichtung von erdberührten Wänden von außen mit kunststoffmodifizierter Bitumendickbeschichtung als Spachtelmasse und eingebetteter Gewebeverstärkung, in zwei Arbeitsgängen, einschl. systembedingtem Voranstrich.
Erster Arbeitsgang mit Kratzspachtel bis zum Erreichen der Trockenschichtdicke; mit zweiter Spachtelung abgleichen.

Bauteil	:	Außenwand
Einbausituation	:	.....
Untergrund	:	.....
Belastungsart	:	aufstauendes Sickerwasser
Einbauhöhe	:	.....
Flächendruck	:	.....
Trockenschichtdicke	:	mind. 4 mm

Abdichtung Feuchte, Boden, G 200 S4	m^2	0,17	16,74

Abdichtung auf Bodenflächen gegen Bodenfeuchte mit Bitumen-Schweißbahn auf vorhandenen Voranstrich.

Bauteil	:	Bodenfläche
Lage der Einbaustelle	:	.....
Untergrund	:	.....
Auflast	:	.....
Dichtungsbahn	:	G 200 S4
Abdichtungstyp	:	BA

Abdichtung, stauendes Wasser, G+PV200DD	m^2	0,16	21,53

Abdichtung gegen aufstauendes Sickerwasser mit Dachdichtungsbahn, zweilagig, auf vorhandenen Voranstrich, vollflächig verklebt, mit Deckaufstrich.

Bauteil	:	.....
Lage	:	.....
Untergrund	:	.....
Dichtungsbahn	:	G 200 DD + PV 200 DD
Abdichtungstyp	:	BA

Abdichtung n.dr.W-h, Decke,PVC-P-NB+Vl.	m^2	0,20	26,31

Abdichtung, auf Deckenfläche gegen nicht drückendes Wasser, auf der dem Wasser zugewandten Seite, für hohe Beanspruchung, mit nicht bitumenverträglicher Kunststoff-Dichtungsbahn, einlagig, zwischen Schutzlagen aus synthetischem Vlies.

Bauteil	:	Decke
Untergrund	:	Beton, glatt
Dichtungsbahn	:	PVC-P-NB
Bahnentyp DIN EN 13967	:	A
Dicke	:	mind. 1,5 mm
Vlies	:	mind. 2 x 300 g/m^2
Dicke	:	mind. 2 mm
Angeb. Fabrikat	:	.....

Innenabdichtung Wand, KMB, 5 mm	m^2	0,30	25,79

Abdichtung auf Innenseiten von Kellerwänden gegen von außen angreifender Wasserbeanspruchung mit kunststoffmodifizierter Bitumendickbeschichtung in zwei Arbeitsgängen.

Bauteil	:	.....
Untergrund	:	.....
Trockenschichtdicke	:	mind. 5 mm
Angeb. Fabrikat	:	.....

Perimeterdämmung	**E**	**h**	**Preis**
Erdaushub, Sockel, f.Dämmung, v.H., 1,5m	m^3	0,65	30,88

Erdaushub im Sockelbereich, für Perimeterdämmung, von Hand, Aushubmaterial seitlich lagern.

Aushubtiefe	:	ca. 1,5 m
Aushubbreite	:	ca. 0,7 m
Boden	:	Verfüllmaterial

Perimeterdämmung, nachträgl., XPS 120 mm	m²	0,30	44,82

Perimeterdämmung aus Polystyrol-Hartschaumplatten mit umlaufendem Stufenfalz, an bestehende, vorbereitete Kelleraußenwand, Arbeitserschwernis durch kleinvolumigen Erdaushub. Leistung einschl. Eckausbildung. Platten einlagig, dicht gestoßen mit lösungsmittelfreiem Kleber punktweise verkleben.
Wärmedämmung : XPS
Anwendungsgebiet : PW
Druckbelastung : .....
Dämmdicke : 120 mm
WLG : 035
Angeb. Fabrikat : .....

Perimeterdämmung, nachträgl., XPS 140 mm	m²	0,30	52,31

Leistung wie zuvor.
Wärmedämmung : XPS
Anwendungsgebiet : PW
Druckbelastung : .....
Dämmdicke : 140 mm
WLG : 035
Angeb. Fabrikat : .....

Perimeterdämmung, nachträgl., XPS 180mm	m²	0,35	57,82

Leistung wie zuvor.
Wärmedämmung : XPS
Anwendungsgebiet : PW
Druckbelastung : .....
Dämmdicke : 180 mm
WLG : 035
Angeb. Fabrikat : .....

Perimeterdämmung, Lichtschacht,aussparen	St	1,30	71,44

Perimterdämmung, nachträglich, an Kellerfenster und Lichtschacht ausschneiden und anarbeiten, einschl. Ausbildung einer Tropfkante mittels Profil.
Lichtschachtgröße : 1,00/1,50 m

4/5 Dachdeckungsarbeiten

Dachöffnungen

Dachöffnungen	E	h	Preis
Dachausstiegsluke erneuern, 450/550 mm	St	1,35	175,76

Dachausstiegsluke, verzinkt, wie folgt erneuern:
- alte Dachluke ausbauen; Bauschutt entsorgen.
- neue Dachluke einbauen, inkl. Herstellen aller Anschlüsse an die Dacheindeckung

Größe : 450/550 mm
Ausbauort : .....
Angeb. Fabrikat : .....

	E	h	Preis
Dachflächenfenster erneuern, 1140/1600mm	St	3,20	1.349,92

Dachflächenfenster wie folgt erneuern:
- altes Fenster ausbauen, inkl. Entsorgung
- neues Fenster, Kiefer natur, mit Klapp- und Schwingfunktion, mit Isolierverglasung sowie Abdeck- und Eindeckrahmen aus Kupferblech, inkl. aller Zubehörteile einbauen
- Dachanschlüsse wiederherstellen

Fenstergröße : ca. 1140/1600 mm
U-Wert : < 1,8 W/m²K
Angeb. Fabrikat : .....

Ausbessern/Umdecken Dachflächen

Ausbessern/Umdecken Dachflächen	E	h	Preis
Biberschwanzdoppeldeckung ausbessern	m²	0,27	30,47

Biberschwanzdoppeldeckung durch Auswechseln einzelner Dachplatten ausbessern.
Teilflächen bis 1 m², inkl. Entsorgung.
Angeb. Fabrikat : ....

Biberschwanzdoppeldeckung umdecken	m^2	0,80	40,45

Biberschwanzdoppeldeckung wie folgt umdecken:
- alte Eindeckung aufnehmen und zur Wiederverwendung zwischenlagern; Bauschutt entsorgen
- Biberschwanz-Ziegel mit Ergänzung der beschädigten Ziegel in gleicher Form und Farbe wieder eindecken

Anteil d. zu ersetz.
Flächen : ..... %
Ziegelformat : .....
Sanierungsort : .....

Flachdachpfannendeckung ausbessern	m^2	0,32	26,72

Flachdachpfannendeckung mit leichten Schäden ausbessern, Ziegel in gleicher Form und Farbe einbauen; Bauschutt entsorgen.
Anteil d. beschädigten
Fläche : bis 20% / m^2
Materialart : .....
Angeb. Fabrikat : .....

Flachdachpfannendeckung umdecken	m^2	0,50	24,54

Flachdachpfannendeckung wie folgt umdecken:
- alte Eindeckung aufnehmen und zur Wiederverwendung seitlich lagern
- beschädigte Pfannen in gleicher Form und Farbe ersetzen
- seitliche gelagerte Pfannen wieder eindecken
- Bauschutt entsorgen

Anteil d. zu ersetzenden
Ziegel : ..... %
Materialart : .....
Form : .....
Farbe : .....
Angeb. Fabrikat : .....

Betondachsteindeckung ausbessern	m^2	0,32	21,32

Betondachsteindeckung mit leichten Schäden ausbessern:
- beschädigte Dachsteine ausbauen und entsorgen
- neue Dachsteine in gleicher Form und Farbe einbauen

Form : .....
Farbe : .....
Materialart : .....
Einbauort : .....
Angeb. Fabrikat : .....

Betondachsteine umdecken	m^2	0,40	25,68

Betondachsteindeckung wie folgt umdecken:
- alte Eindeckung aufnehmen und zur Wiederverwendung seitlich lagern
- seitlich gelagerte Betondachsteine unter Ergänzung der beschädigten Steine in gleicher Form und Farbe eindecken
- Bauschutt entsorgen

Anteil der zu ersetzenden
Steine : bis 20 % / m^2
Form : .....
Farbe : .....
Angeb. Fabrikat : .....

Dachdeckung, gebranntes Material

	E	h	Preis
Anschluss, Biberschwanzdeckung	m	0,35	35,04

Anschluss der Biberschwanzdeckung an vorhandene Dachdeckung.
Deckungsart : .....
Anschlussart : .....
Einbauort : .....

Montageöffnung, Flachdachpfannend.m.UK	m^2	0,95	53,97
Flachdachpfannendeckung mit Unterkonstruktion (Dachbahn, Schalung und Lattung) für Montageöffnung entfernen; Bauschutt entsorgen. Übergang zum Bestand sauber abtrennen; Material seitlich lagern und nach Montagebeendigung wieder einbauen. Evtl. beschädigtes Material ersetzen. Im Preis enthalten sind alle notwendigen Sicherungsmaßnahmen. Öffnungsgröße : ..... Materialart : ..... Demontageort :			
Dach öffnen, Biberschwanzdoppeldeckung	m^2	0,60	26,20
Dachhaut öffnen. Deckung abbauen. Die Ziegel sind im Dachraum zu lagern und nach den Holzarbeiten wieder einzudecken. Materialart : Biberschwanzziegel Deckungsart : Doppeldeckung oder Kronendeckung Ziegelformat : ..... Sanierungsort :			
Dachöffnung, Biber-Doppeldeck.,schließen	m^2	1,40	86,11
Dachöffnung im Bereich von abgetragenen Schornsteinen wie folgt schließen: • Schalung und Unterlagspappe einbauen • Unterspannbahn aufbringen und befestigen • Lattung einbauen • neue Ziegel einbauen, inkl. Anpassen an die vorhandene Dachdeckung • Bauschutt entsorgen Deckungsart : Biberschwanzdoppeldeckung Ziegelformat : ..... Ziegelform : ..... Öffnungsgröße : bis 0,9 m^2 Schalungsdicke : ..... Lattenabstand : ..... Lattenquerschnitt : ..... Einbauort :			

Dachdeckung, Schindeln/Platten	E	h	Preis
Schieferdeckung erneuern, altdeutsch	m²	1,60	141,44

Schieferdeckung wie folgt erneuern:
- alte Schieferplatten einschl. Nägel und Unterdeckung; entfernen; Bauschutt entsorgen
- Bitumendachbahn V13 einbauen
- neue Schieferdeckung in vorgefundener Form einschl. aller Befestigungsmittel sowie aller Anschlüsse an alle aufgehende Bauteile herstellen

Dachneigung : .....
Deckungsart : altdeutsch
Format : .....
Angeb. Fabrikat : .....

Dachdeckung, Schindeln/Platten	E	h	Preis
Schieferdeck.,altd.,Gleichort geschw,45°	m²	1,60	135,20

Schieferdeckung, altdeutsch, Schiefer mit normalem Hieb, Anfangsort an der geraden Ortkante als Gleichort mit geschwungenem Rücken, Endort an der geraden Ortkante als gleiches Stichort geschwungen, auf Dachschalung mit besandeter Bitumenbahn in Kleinflächen aufnehmen und erneuern wie folgt:
- Schalung entnageln und auf Funktionsfähigkeit prüfen
- Beschädigte Unterdeckung erneuern
- Wiederverwendungsfähige Steine aussortieren und lagern; Bauschutt entsorgen
- Dachfläche in gleicher Deckungsart unter Verwendung vorhandener Steine und Ersatz von Steinen gleicher Art, Größe und Dicke fachgerecht decken und in die Anschlussflächen einbinden.

Schiefergrube : .....
Schieferstifte : .....
Qualitätsstufen : A1, T1, S1
Dachneigung : 45°
Rückenführung : 125°
Brustführung : 74°
Anfangsort : Mindeststeigung 16°
Endort : Gebindesteigung 16°
Angeb. Fabrikat : .....

Schieferdeck,Grat geschw,scharf.Hieb,45°	m²	1,60	147,68

Schieferdeckung, altdeutsch, Anfangsort am Grat geschwungen, Schiefer mit scharfem Hieb, auf Dachschalung mit besandeter Bitumenbahn aufnehmen und erneuern wie folgt:

- Schalung entnageln und auf Funktionsfähigkeit prüfen
- Beschädigte Unterdeckung erneuern
- Wiederverwendungsfähige Steine aussortieren und lagern; Bauschutt entsorgen
- Dachfläche in gleicher Deckungsart unter Verwendung vorhandener Steine und Ersatz von Steinen gleicher Art, Größe und Dicke decken, Orte, Firste etc. in die Anschlussflächen einbinden.

Schiefergrube	:	.....
Schieferstifte	:	.....
Qualitätsstufen	:	A1, T1, S1
Dachneigung	:	45°
Gebindesteigung	:	16°
Endort	:	.....
Angeb. Fabrikat	:	.....

Schieferdeck.,altd.,First rund.Rücken45°	m²	1,60	154,96

Schieferdeckung, altdeutsch, First mit rundem Rücken, Deckstein mit scharfem Hieb auf Dachschalung mit besandeter Bitumenbahn aufnehmen und erneuern wie folgt:

- Schalung entnageln und auf Funktionsfähigkeit prüfen
- Beschädigte Unterdeckung erneuern
- Wiederverwendungsfähige Steine aussortieren und lagern; Bauschutt entsorgen
- Dachfläche in gleicher Deckungsart unter Verwendung vorhandener Steine und Ersatz von Steinen gleicher Art, Größe und Dicke decken, Orte, Firste etc. in die Anschlussflächen einbinden.

Schiefergrube	:	.....
Schieferstifte	:	.....
Qualitätsstufen	:	A1, T1, S1
Dachneigung	:	45°
Gebindesteigung	:	16°
Endort	:	.....
Steingröße	:	.....
Angeb. Fabrikat	:	.....

Schieferdeck.,altd.,First ger.Rücken,45°	m²	1,60	150,80

Schieferdeckung, altdeutsch, First mit geradem Rücken, Deckstein mit scharfem Hieb auf Dachschalung mit besandeter Bitumenbahn aufnehmen, erneuern wie folgt:

- Schalung entnageln und auf Funktionsfähigkeit prüfen
- Beschädigte Unterdeckung erneuern
- Wiederverwendungsfähige Steine aussortieren und lagern; Bauschutt entsorgen
- Dachfläche in gleicher Deckungsart unter Verwendung vorhandener Steine und Ersatz von Steinen gleicher Art, Größe und Dicke decken, Orte, Firste etc. in die Anschlussflächen einbinden.

Schiefergrube : .....
Schieferstifte : .....
Qualitätsstufen : A1, T1, S1
Dachneigung : 45°
Gebindesteigung : 16°
Endort : .....
Angeb. Fabrikat : .....

Traufen/Kehlen/Firste/Orte

Traufen/Kehlen/Firste/Orte	E	h	Preis
Kehle f.Dopp.deckung,2 Ziegel, m.R.,45°	m	1,60	85,90

Kehle, in Biberschwanz-Doppeldeckung, zwei Ziegel auf Kehlbrett, deutsch eingebunden, ausbauen, wiederverwendungsfähige Ziegel aussortieren, lagern; Bauschutt entsorgen.
Kehle unter Verwendung von Altmaterial und Ersatz von Ziegeln gleicher Art, Farbe, Größe und Dicke decken und fachgerecht in die Anschlussflächen einbinden.

Dachneigung : >45°
Kehlneigung : 35°
Wahrer Kehlwinkel : 120°
Traufenwinkel : 90°
Lattenweite : 14 cm
Traufanfang : zum Anbringen einer Rinne
Schnitt : .....
Farbe : .....

Kehle, 1-hüftig, f.Doppeldeckung, 35°	m^2	1,20	64,48

Kehle, in Biberschwanz-Doppeldeckung, einhüftig auf Kehlbrett, deutsch eingebunden, ausbauen, wiederverwendungsfähige Ziegel aussortieren, lagern; Bauschutt entsorgen.
Einhüftige Kehle unter Verwendung von Altmaterial und Ersatz von Ziegeln gleicher Art, Farbe, Größe und Dicke decken und fachgerecht in die Anschlussflächen einbinden.

Dachneigung	:	>35°
Kehlneigung	:	33°
Wahrer Kehlwinkel	:	114°
Lattenweite	:	13,5 cm
Traufanfang	:	ohne Rinne
Schnitt	:	.....
Farbe	:	.....

Fallstrangentlüfterziegel erneuern	St	0,35	82,68

Fallstrangentlüfterziegel wie folgt erneuern:
- alten Ziegel ausbauen und entsorgen
- neuen Dunstrohrziegel in vorgefundener Form mit Schlauchanschluss und Abdeckkappe einbauen, Herstellen des Anschlusses an den Fallstrang

Farbe	:	.....
Angeb. Fabrikat	:	.....

Giebelwinkel verlegen	m	0,20	10,60

Giebelwinkel, passend zu den Bitumenwellplatten, verlegen.

Farbe	:	schwarz

Firstziegel, vermörtelt, erneuern	m	0,75	50,12
Firstziegel, gebranntes Material, mit Überfalzung im Mörtelbett verlegt, einschließlich vorhandener Befestigung an den Dachverbandshölzern ausbauen, reinigen, wiederverwendungsfähige Ziegel aussortieren, lagern. Firstziegel unter Verwendung von Altmaterial und Ersatz von Ziegeln gleicher Art, Farbe, Größe und Dicke in Mörtel verlegen, und in vorgefundener Art befestigen; Bauschutt entsorgen. Dachneigung : ..... Form : ..... Abmessung : ..... Farbe : ..... Mörtelart : ..... Befestigungsart :			
Gratziegel, vermörtelt, Drahtschlaufen	m	0,75	51,27
Gratziegel, gebranntes Material, mit Überfalzung im Mörtelbett verlegt, einschließlich vorhandener Befestigung (Drahtschlaufen) am Gratbrett ausbauen, reinigen, wiederverwendungsfähige Ziegel aussortieren, lagern. Gratziegel unter Verwendung von Altmaterial und Ersatz von Ziegeln gleicher Art, Farbe, Größe und Dicke in Mörtel verlegen und in vorgefundener Art mit korrosionsbeständigen Drahtschlaufen am Gratbrett befestigen; Bauschutt entsorgen. Dachneigung : ..... Form : ..... Abmessung : ..... Farbe : ..... Mörtelart : ..... Drahtschlaufenlänge :			

First ausbessern, Firstziegel	m	0,50	43,78
First mit Firstziegel eingedeckt, wie folgt ausbessern: • beschädigte Firstziegel inkl. Verlegemörtel und Befestigung entfernen • neue Firstziegel in vorgefundener Form, Farbe und Verlegeart einbauen • Verfugung erneuern bzw. ergänzen • Bauschutt entsorgen Form : ..... Farbe : ..... Schadensgrad : 50 %/m Angeb. Fabrikat :			
First erneuern, Firstziegel	**m**	**0,75**	**59,38**
First mit Firstziegel eingedeckt, wie folgt erneuern: • alle Firstziegel entfernen • neue Ziegel nach vorgefundener Art, Farbe und Befestigung liefern und einbauen • Anschlüsse an die Dacheindeckung herstellen • Bauschutt entsorgen Form : ..... Farbe : ..... Verlegeart : ..... Angeb. Fabrikat :			
Lüfterfirstkonstruktion, Laschen	**m**	**1,30**	**76,64**
Lüfterfirstkonstruktion für vorhandene Dachkonstruktion mit Holzlaschen an den Sparren und Schalbrettern. Deckungsart : ..... Gebäudehöhe : ..... Dachneigung : ..... Schalbrettdicke : 24 mm			

Grat ausbessern, Gratziegel	m	0,55	43,16

Grat mit Gratziegeln eingedeckt, wie folgt ausbessern:
- beschädigte Gratziegel entfernen
- neue Gratziegel in vorgefundener Form, Farbe und Befestigungsart einbauen
- Verfugung erneuern bzw. ergänzen
- Bauschutt entsorgen

Schadensgrad : 50 % / m
Form : .....
Verlegeart : .....
Angeb. Fabrikat : .....

Grat erneuern, Gratziegel	m	0,75	59,90

Gratziegel wie folgt erneuern:
- alle Gratziegel entfernen
- neue Gratziegel nach vorgefundener Form, Farbe und Befestigungsart einbauen
- Anschlüsse an die Dacheindeckung herstellen
- Bauschutt entsorgen

Farbe : .....
Form : .....
Verlegeart : .....
Angeb. Fabrikat : .....

Kehlanschlussziegel erneuern	m	0,42	31,72

Beschädigte Kehlanschlussziegel aufnehmen und entsorgen, neue Ziegel zuschneiden und decken, Arbeit von der Dachdeckerleiter aus.

Deckungsart : .....
Gebäudehöhe : .....
Dachneigung : .....

Kehlanschlusssteine erneuern	m	0,43	30,69
Beschädigte Kehlanschlusssteine entfernen und entsorgen, neue Steine zuschneiden und decken, Ausführung der Arbeiten von der Dachdeckerleiter aus. Gebäudehöhe : ..... Dachneigung : ..... Farbe Dachstein : ..... Format Dachstein : ..... Angeb. Fabrikat :			

Lattungen/Schalungen	**E**	**h**	**Preis**
Lattung erneuern, Biber-Doppeldeckung	m²	0,20	12,37
Lattung für Biberschwanzdoppeldeckung wie folgt erneuern: • alte Lattung entfernen; Bauschutt entsorgen • neue Lattung einbauen Querschnitt : 30/50 mm Lattenabstand : ca. 160 mm			
Konterlattung erneuern, 24/48 mm	m²	0,10	7,17
Konterlattung wie folgt erneuern: • alte Lattung entfernen und entsorgen • neue Lattung aufbringen Querschnitt : 24/48 m			
Traufbohle erneuern, 30/240 mm	m	0,20	12,06
Traufbohle wie folgt erneuern: • alte Traufbohlen entfernen und entsorgen • Sparrenoberseiten entnageln und reinigen • neue Traufbohlen einbauen und in vorgefundener Art befestigen Querschnitt : 30/240 mm Holzart :			

Dampfbremsen/-sperren

	E	h	Preis
Unterspannbahn erneuern, PE-Folie	m^2	0,05	4,73

Unterspannbahn, PE-Folie, ausbauen und entsorgen, neue PE-Folie einbauen.
Material : PE-Folie, armiert
Gewicht : ca. 170 g/m^2
Angeb. Fabrikat : .....

	E	h	Preis
Dampfsperre u.Unterdeckung,Dachsanierung	m^2	0,15	14,97

Dampfbremse und reißfeste Unterdeckung für Dachsanierung. Dampfbremse unter die Wärmedämmung und über Sparren verlegen, Stöße verkleben, mit Spalierlatten an Sparren befestigen. Unterdeckung über Dämmung verlegen, Stöße mit Selbstklebeband abdichten, inkl. Abdichtung an Dachanschlüssen; Traufe, Ortgang mit Kautschukkleber.
Material Dampfsperre : Polyamid-Folie
Sd-Wert : variabel von 0,2 bis 5 m
Baustoffklasse : B 1
Material Unterdeckung : Polyethylen-Vlies mit PU-Beschichtung
Sd-Wert : 0,12 m
Baustoffklasse : B 2
Gesamtgewicht : ca. 250 g/m^2
Angeb. Fabrikat : .....

	E	h	Preis
Sanierungsdampfbremse,diffusionsvariabel	m^2	0,25	23,60

Sanierungsdampfbremse aus Polyamid, diffusionsvariabel, von außen verlegen wie folgt:
- Dachdeckung und alte Dämmung entfernen und entsorgen
- Sanierungsbahn über Sparren auf Innenbekleidung verlegen, 10 cm überlappt
- Sanierungsbahn längs der Sparren mit Spalierlatten fixieren
- Bahn in Anschlussbereichen mit Dichtungsband luftdicht anschließen
- neue Dämmung, Unterdeckung und Dachdeckung in gesonderten Positionen

Art d. Dachdeckung : Betondachstein
Vorhand. Dämmung : Mineralwolle
Sd-Wert Bahn : 0,2 m bis 5 m
Gewicht : ca. 60 g/m^2
Baustoffklasse : B1
Angeb. Fabrikat : .....

Luftdichtung u. Dampfbremse, von außen	m²	0,24	24,85

Luftdichtungsbahn bzw. Dampfbremse, dreilagig, mit beidseitigem Vlies gegen mechanische Beschädigung, von außen verlegen wie folgt:

- Dachdeckung und alte Dämmung entfernen und entsorgen
- reißfeste Dichtungsbahn über Sparren auf Innenbekleidung auslegen, 10 cm überlappt
- Befestigung der Bahn mit Dichtungsband und Dichtpaste
- neue Dämmung, Unterdeckung und Dachdeckung in gesonderten Positionen

Art d. Dachdeckung	:	Betondachstein
Vorhand. Dämmung	:	Mineralwolle
Sd-Wert Bahn	:	3 m
Gewicht	:	ca. 160 g/m²
Wasserdichtheit	:	2000 mm Wassersäule
Nagelausreißfestigkeit	:	200/230 N
Baustoffklasse	:	B1
Angeb. Fabrikat	:	.....

4/6 Dachabdichtungsarbeiten

Dämmungen	E	h	Preis
Wärmedämmung Flachd.,PUR 028,120mm,Falz	m²	0,16	41,87

Wärmedämmung aus Polyurethan-Hartschaumplatten unter Flachdachabdichtung, mit Stufenfalz, vollflächig verkleben.

Unterlage	:	.....
Anwendungsgebiet	:	DAA-dh
Kaschierung	:	.....
WLS	:	028
Gef. Baustoffklasse	:	B1
Brandverhalten		
DIN EN 13501	:	E
Dicke	:	120 mm
Angeb. Fabrikat	:	.....

	E	h	Preis
Wärmedämmung Flachd.,EPS 160-240mm,Gef.	m²	0,40	47,67

Wärmedämmung aus Polystyrol-Hartschaumplatten unter Flachdachabdichtung, einseitig überlappend kaschiert, für die Ausbildung eines Gefälles, punktweise verkleben. Aufwendungen für das Erstellen der Verlegepläne sind einzurechnen.

Unterlage	:	.....
Anwendungsgebiet	:	DAA-dm
Ausführung	:	Gefälledämmung
Dachneigung	:	2 - 3%
Kaschierung	:	.....
WLG	:	035
Gef. Baustoffklasse	:	B1
Brandverhalten		
DIN EN 13501	:	E
Angeb. Fabrikat	:	.....
Dicke	:	160 - 240 mm

Grat/Kehlplatten, Gefälledämmung,Flachd.	m	0,10	11,56
Grat- oder Kehlplatten für Gefälledämmung auf Flachdach, nach Verlegeplan, als Zulage. Dämmmaterial : ..... Angeb. Fabrikat :			
Wärmedämmung Flachdach, MW 140	**m²**	**0,17**	**23,13**
Wärmedämmung aus Mineralwolleplatten unter Flachdachabdichtung, Platten punktweise verkleben. Unterlage : ..... Anwendungsgebiet : DAA-dm Kaschierung : ..... WLG : 040 Gef. Baustoffklasse : A1 Brandverhalten DIN EN 13501 : A1 Dicke : 140 mm Angeb. Fabrikat :			
Wärmedämmung Flachdach, MW 160-240,Gef.	**m²**	**0,45**	**42,33**
Wärmedämmung aus Mineralwolleplatten unter Flachdachabdichtung für den Einbau im Gefälle in Heißbitumen verkleben. Unterlage : ..... Anwendungsgebiet : DAA-dm Kaschierung : ..... WLG : ..... Gef. Baustoffklassez : A1 Brandverhalten DIN EN 13501 : A1 Dicke : 160 - 240 mm Dachneigung : 2 - 3 % Angeb. Fabrikat :			

Dachabdichtungen erneuern/instand setzen	E	h	Preis
Dachabdichtung ausbessern, neue Bit.bahn	m²	0,50	31,61
Dachabdichtung aus Bitumendachbahnen mit leichten Schäden wie folgt ausbessern: • schadhafte Stellen reinigen • Beulen und Falten aufschneiden, Überstände entfernen • Risse mit Schleppstreifen abdecken • Vertiefungen mit Dachbahnenstreifen ausgleichen • Bitumenvoranstrich kaltflüssig • eine Lage Bitumendachbahn beschiefert, vollflächig aufkleben • Bauschutt entsorgen Höhe der Dachfläche über Gelände : ..... Angeb. Fabrikat Bit.-Voranstrich : ..... Angeb. Fabrikat Bit.-Dachbahn :			
Dachabdichtung erneuern, PYE-G 200 S 4	m²	0,23	16,95
Beschädigte Dachabdichtungsbahn entfernen und entsorgen, neue Polymer-Bitumenschweißbahn als Unterlagsbahn vollflächig aufschweißen. Ausführungsart : PYE-G 200 S4 Gebäudehöhe : ..... Dachneigung : ..... Beanspruchungsklasse : I B Eigenschaftsklasse : E 2 Anwendung : DU Angeb. Fabrikat :			
Bitumendachbahn erneuern, G 200 DD	m²	0,18	15,18
Beschädigte Abdichtungsbahn entfernen und entsorgen, neue Bitumen-Dachdichtungsbahn aufbringen und mechanisch befestigen (nageln). Ausführungsart : G 200 DD Gebäudehöhe : ..... Dachneigung : ..... Untergund : Holzschalung Beanspruchungsklasse : I B Eigenschaftsklasse : E 2 Anwendung : DU Angeb. Fabrikat :			

Rieselschutzmatte unter Kiesschicht	m²	0,10	13,83
Rieselschutzmatte unter der Kiesschicht neu verlegen.			
Dachabdichtung instand setzen, o.Abbruch	m²	0,32	48,04
Dachabdichtung instand setzen, ohne Abbruch, wie folgt: • Abräumen der bestehenden Kiesschüttung • bestehende Dachabdichtungslagen sichtprüfen • bitumenverträgliche Dachabdichtung aus PIB-Bahnen, lose • Wärmedämmung aus extrudierten Polystyrol-Hartschaumplatten mit Stufenfalz • bauseits nachfolgende extensive Begrünung Höhe Kiesschüttung : ca. 50 mm Abdichtungsbahn : Polyisobutylen mit Polyestervlieskaschierung Kurzbezeichnung : PIB-K-PV Anwendungskategorie : K 1 Beanspruchungsklasse : I A Eigenschaftsklasse : E 1 Dicke : 1,5 mm Dämmung : XPS Dämmdicke : 100 mm WLG : 035 Anwendung : DUK-ds Baustoffklasse : B1 Angeb. Fabrikat :			
Dachabdichtung,PYE-G200 S4	m²	0,16	15,08
Dachabdichtung mit einer Lage Polymerbitumen-Schweißbahn unterbrochen streifenweise schweißen, als untere Lage. Untergrund : Ausgleichsschicht Ausführungsart : PYE-G200 S4 Beanspruchungsklasse : I A Eigenschaftsklasse : E 1 Angeb. Fabrikat :			

Abdichtung Balkon/Loggia/Terrasse ern.	m²	0,70	65,10

Abdichtung von Balkon, Loggia, Terrasse erneuern, wie folgt:
- Vorhandene Beläge entfernen
- Bauschutt entsorgen
- Untergrund reinigen, zur Aufnahme neuer Beläge vorbereiten
- eine Lage Dampfsperre G200 S4+Al 0,1, inkl. Wandanschluss
- eine Lage Abdichtung PYE PV200 S5, inkl. Wandanschluss
- Wandanschlüsse der Abdichtungsbahn bis 300 mm seitlich hochziehen, mit Klemmschienen mechanisch befestigen, Oberseiten zwischen Klemmschiene und Wand dauerelastich verfüllen

Angeb. Fabrikat Dampfsperre : .....
Angeb. Fabrikat Abdichtungsbahn : .....
Angeb. Fabrikat Klemmschiene : .....

Rollkiesschüttung, 16/32 mm, d=50 mm	m²	0,16	10,01

Rollkiesschüttung als Auflast auf Flachdachflächen.
Unterlage : Schutzlage
Körnung : 16 / 32 mm
Schütthöhe : i. M. 50 mm

Dachabdichtungen sanieren

	E	h	Preis
Dachabdichtung sanieren	m²	0,90	68,64

Dachabdichtung, mehrlagig, aus Bitumenbahnen, wie folgt sanieren:
- Überprüfen der Flachdachfläche
- Bekiesung einschl. Rieselschutz aufnehmen und auf der Dachfläche seitlich lagern
- Blasen und Falten aufschneiden bzw. abstoßen
- Verschweißen der Schnittstellen
- Entstehende Ränder glätten, Unebenheiten ausgleichen
- vorhandene Risse mit Schleppstreifen abdichten
- vorhandene Kiesschicht auf neue Rieselschutzmatten zurücktransportieren
- Bauschutt entsorgen

Höhe Bekiesung : bis 60 mm

Risse Abdichtung überarbeiten, Streifen	m	0,22	17,88

Risse in bestehender Dachabdichtung überarbeiten, mit einseitig verklebtem Schleppstreifen aus Polymerbitumenbahn, beidseits darübergeschweißter Polymerbitumenbahn.

Schleppstreifen	:	ca. 200 mm
Bahnenstreifen	:	500 mm
Bahn	:	PYE PV200S5
Angeb. Fabrikat	:	.....

Sanierungsbahn,PV300,Loch-Folie,PP-Vlies	m^2	0,20	19,86

Sanierungsbahn für Dachabdichtung, aus Polymerbitumen mit Polyestervlies-Einlage, oberseitig beschiefert, unterseitig mit Loch-Folie und PP-Vlies kaschiert, mit 8 cm Naht- und Stoßüberdeckung durch ganzflächiges Abflämmen punktweise aufschweißen.

Polyestervlies-Einlage	:	300 g/m^2
Temperatureignung	:	- 40 bis + 115°C
Angeb. Fabrikat	:	.....

Sanierungsbahn, PV 180, vlieskaschiert	m	0,22	27,14

Sanierungsbahn für Dachabdichtung aus Polymerbitumen, unterseitig mit Polypropylenvlies kaschiert, punktweise aufschweißen.

Bahnenart	:	PYE PV
Polyestervlies-Einlage	:	180 g/m^2
Bahnendicke	:	ca. 3,5 mm
Temperatureignung	:	- 25 bis + 100 Grad
Angeb. Fabrikat	:	.....

Sanierung+Dämmung, Flachdach, MW120	m^2	0,50	52,41

Sanierung des durchfeuchteten Flachdachaufbaues, bestehend aus Wärmedämmung und Abdichtung, wie folgt:

- Perforierung der vorhandenen Abdichtung
- zusätzliche Wärmedämmung aus Mineralwolle
- neue Abdichtung mit diffusionsoffenen, schwarzen Abdichtungsbahnen, geklebt

Art der Altabdichtung	:	.....
Perforierung	:	5 Löcher/m^2
Lochdurchmesser	:	25 mm
Dämmstoff	:	MW
Anwendung	:	DAA-dm
WLG	:	040
Dämmdicke	:	120 mm
Neuabdichtung	:	PVC-Bahn mit Glasgittereinlage
Bahnendicke	:	1,5 mm
Sd-Wert	:	12 - 19 m
Angeb. Fabrikat	:	.....

Abdichtungen, Flüssigkunststoff	**E**	**h**	**Preis**
Bestandsabdichtung, Flüssigkst., PMMA	m²	0,30	53,24

Dachabdichtung mit Flüssigkunststoff auf Bestands-Flachdach, wie folgt:

- Reinigen des Untergrundes
- Grundierung
- Abdichtung mit Flüssigkunststoff
- Einarbeiten einer Armierungslage aus Kunststoffvlies
- Versiegelung

Untergrund	:	Dämmung/Rohbeton
Grundierung	:	ca. 300 g/m²
Nutzungsdauer	:	W 3 (25 Jahre)
Für Klimazone	:	M (gemäßigt)
Beanspruchungsklasse	:	I A
Eigenschaftsklasse	:	E 1
Anwendung	:	DE
Sonst. Anforderungen	:	.....
Nutzlastklasse	:	P 3
Anwendungskategorie	:	K1
Material Armierung	:	Polyestervlies
Flächengewicht Armierung	:	mind. 110g/m²
Material Beschichtung	:	PMMA
Bezeichnung DIN 18531	:	PMMA-M-W3-P3-S1,S2,S3,S4-TL3-TH3
Dicke Abdichtung	:	2,0 mm
Angeb. Fabrikat Beschicht.	:	.....
Angeb. Fabrikat Armierung	:	.....

Bestandsabdichtung, Flüssigkst., PUR	m^2	0,30	54,91

Dachabdichtung mit Flüssigkunststoff auf Bestands-Flachdach, wie folgt:

- Reinigen des Untergrundes
- Grundierung
- Abdichtung mit Flüssigkunststoff
- Einarbeiten einer Armierungslage aus Kunststoffvlies
- Versiegelung

Untergrund	:	Dämmung/Rohbeton
Grundierung	:	ca. 300 g/m^2
Nutzungsdauer	:	W 3 (25 Jahre)
Für Klimazone	:	M (gemäßigt)
Beanspruchungsklasse	:	I A
Eigenschaftsklasse	:	E 1
Anwendung	:	DE
Sonst. Anforderungen	:	.....
Nutzlastklasse	:	P 3
Material Armierung	:	Polyestervlies
Material Beschichtung	:	Polyurethan, lösemittelfrei
Bezeichnung DIN 18531	:	PUR-2K-M-W3-P3-S1,S2,S3,S4-TL3-TH3
Flächengewicht Armierung	:	mind. 110g/m^2
Dicke Abdichtung	:	2,0 mm
Angeb. Fabrikat Beschicht.	:	.....
Angeb. Fabrikat Armierung	:	.....

Bestandsabdichtung, Flüssigkst., UP	m^2	0,30	54,18

Dachabdichtung mit Flüssigkunststoff auf Bestands-Flachdach, wie folgt:

- Reinigen des Untergrundes
- Grundierung
- Abdichtung mit Flüssigkunststoff
- Einarbeiten einer Armierungslage aus Kunststoffvlies
- Versiegelung

Untergrund	:	Dämmung/Rohbeton
Grundierung	:	ca. 300 g/m^2
Nutzungsdauer	:	W 3 (25 Jahre)
Für Klimazone	:	M (gemäßigt)
Beanspruchungsklasse	:	I A
Eigenschaftsklasse	:	E 1
Anwendung	:	DE
Sonst. Anforderungen	:	.....
Nutzlastklasse	:	P 3
Anwendungskategorie	:	K1
Material Armierung	:	Polyestervlies
Material Beschichtung	:	flexible, ungesättigte Polyesterharze (UP)
Bezeichnung DIN 18531	:	UP-M-W3-P3-S1,S2,S3,S4-TL3-TH3
Flächengewicht Armierung	:	mind. 110g/m^2
Dicke Abdichtung	:	2,0 mm (mind. 1,8 mm)
Angeb. Fabrikat Beschicht.	:	.....
Angeb. Fabrikat Armierung	:	.....

Flüssigabdichtung auf Alt-Bahnen, PMMA	m^2	0,33	59,59

Dachabdichtung mit Flüssigkunststoff auf bestehende Alt-Abdichtung aus Bitumenbahnen, wie folgt:

- Reinigen des Untergrundes
- Verfüllen von Rissen und Abplatzungen
- Grundierung
- Abdichtung mit Flüssigkunststoff
- Einarbeiten einer Armierungslage aus Kunststoffvlies
- Versiegelung

Alt-Abdichtung	:	......
Grundierung	:	mind 300 g/m^2
Nutzungsdauer	:	W 3 (25 Jahre)
Für Klimazone	:	M (gemäßigt)
Beanspruchungsklasse	:	I A
Eigenschaftsklasse	:	E 1
Anwendung	:	DE
Sonst. Anforderungen	:	.....
Nutzlastklasse	:	P 3
Anwendungskategorie	:	K1
Material Armierung	:	Polyestervlies
Flächengewicht Armierung	:	mind. 110g/m^2
Material Beschichtung	:	PMMA
Bezeichnung DIN 18531	:	PMMA-M-W3-P3-S1,S2,S3,S4-TL3-TH3
Dicke Abdichtung	:	mind. 2,0 mm
Angeb. Fabrikat Beschicht.	:	.....
Angeb. Fabrikat Armierung	:	.....

Flüssigabdichtung Balkon, PMMA, Quarz	m^2	0,40	64,27

Abdichtung auf Balkon-Bestandsflächen mit Flüssigkunststoff, für hohe mechanische Belastung (Punktlasten) und Rissüberbrückung, wie folgt:

- Reinigen des Untergrundes
- Grundierung
- Abdichtung mit Flüssigkunststoff
- Einarbeiten einer Armierungslage aus Kunststoffvlies
- Nutzschicht aus Kunstharzbeschichtung
- Versiegelung
- Einstreuung von Quarzsand für Rutschsicherheit

Bauteil	:	Balkon/Loggia
Untergrund	:	Rohbeton/Ausgleichsspachtelung
Abdichtung	:	PMMA
Nutzlastklasse	:	P 4
Material	:	.....
Nutzungsdauer	:	W 3 (25 Jahre)
Dicke der Abdichtung	:	mind. 2,0 mm
Flächengewicht		
Armierung	:	110 g/m^2
Beanspruchung	:	mäßig
Nutzschicht	:	PMMA, 3-komponentig
Verbrauch	:	ca. 400 g/m^2
Körnung Abstreuung	:	0,7 - 1,2 mm
Farbe	:	.....
Angeb. Fabrikat	:	.....

Flüssigabdichtung unter Balkonfliesen	m^2	0,30	52,41

Abdichtung auf Balkon-Bestandsflächen mit Flüssigkunststoff unter mineralischem Belag (Fliesen), wie folgt:

- Reinigen des Untergrundes
- Grundierung
- Abdichtung mit Flüssigkunststoff
- Einarbeiten einer Armierungslage aus Kunststoffvlies
- Nutzschicht aus Kunstharzbeschichtung

Bauteil	:	Balkon/Loggia
Untergrund	:	Rohbeton/Ausgleichsspachtelung
Abdichtung	:	PMMA
Nutzlastklasse	:	P 4
Material	:	.....
Nutzungsdauer	:	W 3 (25 Jahre)
Dicke der Abdichtung	:	mind. 2,0 mm
Flächengewicht		
Armierung	:	110 g/m^2
Beanspruchung	:	mäßig
Nutzschicht	:	PMMA, 3-komponentig
Verbrauch	:	ca. 400 g/m^2
Farbe	:	.....
Angeb. Fabrikat	:	.....

Flüssigabdichtung Balkon, Designfolie	m^2	0,45	75,40

Abdichtung auf Balkon-Bestandsflächen mit Flüssigkunststoff für hohe mechanische Belastung (Punktlasten) und Rissüberbrückung, mit Design-Versiegelung, wie folgt:

- Reinigen des Untergrundes
- Grundierung
- Abdichtung mit Flüssigkunststoff
- Einarbeiten einer Armierungslage aus Kunststoffvlies
- Nutzschicht aus Kunstharzbeschichtung
- Versiegelung in mehreren Arbeitsgängen und zwei Farben
- Einarbeitung einer Designfolie in Versiegelung

Bauteil	:	Balkon/Loggia
Untergrund	:	Rohbeton/Ausgleichsspachtelung
Abdichtung	:	PMMA
Nutzlastklasse	:	P 4
Material	:	.....
Nutzungsdauer	:	W 3 (25 Jahre)
Dicke der Abdichtung	:	mind. 2,0 mm
Flächengewicht		
Armierung	:	110 g/m^2
Beanspruchung	:	mäßig
Nutzschicht	:	PMMA, 3-komponentig
Verbrauch	:	ca. 400 g/m^2
Design	:	Terracottafliesen
Angeb. Fabrikat	:	.....

Flüssigabdichtung Balkon, Kiesbelag	m^2	0,55	82,47

Abdichtung auf Balkonflächen mit Flüssigkunststoff, mit Nutz- und Designbelag:
- Reinigen des Untergrundes
- Grundierung
- Abdichtung mit Flüssigkunststoff
- Einarbeiten einer Armierungslage aus Kunststoffvlies
- Versiegelung
- verschleißfeste Nutz- und Designschicht aus Marmorkies in Kunstharz, dränagefähig und UV-beständig

Bauteil : Balkon/Loggia
Untergrund : Rohbeton/Ausgleichsspachtelung
Abdichtung : PMMA
Nutzlastklasse : P 4
Material : .....
Nutzungsdauer : W 3 (25 Jahre)
Dicke der Abdichtung : mind. 2,0 mm
Flächengewicht
Armierung : 110 g/m^2
Beanspruchung : hoch
Nutzschichtdicke : ca. 5 mm
Verbrauch : ca. 1400 g/m^2
Körnung Marmorkies : 1-4 mm
Rutschhemmung : R10
Angeb. Fabrikat : .....

Anschluss, Flüssigkunstst., Balkon	m	0,30	37,12

Abdichtungsanschluss der Balkonabdichtung aus Flüssigkunststoff an aufgehende Bauteile, Grundierung, überlappender Armierungslage und Versiegelung, inkl. Reinigung und ggf. Ausgleichen der abzudichtenden Flächen.

Unterlage : .....
Anzahl der Arbeitsgänge : .....
Schichtdicke : 2,0 mm
Höhe der Aufkantung : 150 mm
Material Beschichtung : PMMA/PUR
Material Armierung : Polyestervlies
Farbe/Design : .....
Angeb. Fabrikat : .....

Einbauten, Abläufe, Lichtkuppeln	E	h	Preis
Dachablauf reinigen, spülen	St	1,10	52,72
Dachablauf oder Attikaablauf reinigen und spülen, einschl. Fallrohranschluss. Ablauf : vertikal Ablaufgröße : bis DN 125			
Sanierungs-Dachablauf, Lippendichtung	St	0,50	142,48
Sanierungs-Dachablauf mit Klebeflansch, mit vertikalem Abgang, stufenlos verstellbar, mit Lippendichtungen für Einbau in Fallrohr oder vorhandenen Ablauf; inkl. Kiesfang. Material Dachabdichtung : ..... Nenngröße : DN 100 Länge Ablaufstutzen : 70 - 200 mm Angeb. Fabrikat :			
Sanierungs-Dachablauf, Dachabdichtung	St	0,90	108,16
Sanierungs-Dachablauf mit Dichtring, Kiesfang und Anschlussmanschette, zum Einstecken in vorhandenen, vertikalen Ablauf, einschl. Reinigen des Altablaufs und Eindichten in die Dachabdichtung. Nennweite : DN 100 Werkstoff : PUR Flachdachabdichtung : ..... Angeb. Fabrikat :			
Dachausstiegsluke setzen,abdicht., 80/60	St	2,80	162,24
Dachausstiegsluke mit Öffnung und Deckel nach vorherigem Entfernen der Öffnungsverwahrung setzen und an Dachabdichtung anschließen. Abmessung : 80/60 cm			

Dachablauf erneuern, DN 100, vertikal	St	0,80	195,52

Dachablauf erneuern, wie folgt:
- vorhandenen Ablauf ausbauen und entsorgen, einschl. Deponiegebühr
- neuen Dachablauf mit vertikalem Abgang, zweiteilig, wärmegedämmt
- Kiesfang und Anschlussmanschette, nicht heizbar, in die Dachabdichtung und Dämmschicht einbauen

Dämmdicke : .....
Dachabdichtung : .....
Nennweite : DN 100
Angeb. Fabrikat : .....

Dachlüfter erneuern, DN 100, PUR	St	0,50	109,20

Dachentlüfter (Dunstrohrelement) erneuern, wie folgt:
- vorhandenen Lüfter ausbauen und entsorgen, einschl. Deponiegebühr
- neuen Flachdachentlüfter für Fallleitungen, wärmegedämmt, zweiteilig
- Klebeflansche, stufenförmige Rohrstutzen, einschl. flexiblem Anschlussschlauch und schlagregensicherer Abdeckhaube, in Dachabdichtung und Dämmschicht einbauen

Dämmdicke : .....
Dachabdichtung : .....
Nennweite : DN 100
Material : Kunststoff, PUR
Angeb. Fabrikat : .....

Dachabdichtung-Rohrdurchführ.,instands.	St	0,40	23,19

Dachabdichtung an Rohrdurchführungen wie Antennenmaste, Fallstrangentlüfter etc. mit einer Lage Bitumenschweißbahn neu eindichten.

Unterlage : .....
Angeb. Fabrikat : .....

Dachabdichtung, Ablauf, instandsetzen	St	0,35	20,69

Dachabdichtung an Dachablauf mit einer Lage Bitumenschweißbahn neu eindichten.

Unterlage : .....
Nenndurchmesser : .....
Angeb. Fabrikat : ....

4/7 Klempnerarbeiten

Anschlüsse/Verwahrungen	E	h	Preis
Schornsteinverwahrung, Ti-Zink, ausbess.	m	0,70	41,60

Schornsteinverwahrung aus Titan-Zinkblech mit leichten Schäden im gleichen Material wie folgt ausbessern:

- Anschlüsse neu verlöten
- Löcher vernieten und verlöten

Blechdicke : .....

Schornsteinverwahrung,Ti-Zink,erneuern	m	1,10	81,84

Schornsteinverwahrung aus Titan-Zinkblech mit starken Schäden im gleichen Material wie folgt erneuern:

- alte Verwahrung ausbauen und entsorgen
- neue Verwahrung einschl. der Trennlage einbauen, einschl. evtl. erforderlicher Unterlags- und Versteifungsbleche
- Anschlüsse an die Dachfläche herstellen

Schornsteingröße : .....
Zuschnitt : 333 + 166 mm
Blechdicke : 0,7 mm
Dacheindeckung : .....

Metalldeckung	E	h	Preis
Dachdeckung, Ti-Zinkbl., ausbessern	m^2	0,60	39,62

Dachverblechung aus Titan-Zinkblech im gleichen Material, wie folgt erneuern:

- Anschlüsse an anschließende und durchdringende Bauteile überprüfen und neu elastisch versiegeln
- lose Blechteile befestigen
- kleinere Blechteile bis 0,5 m^2 erneuern

Blechdicke : 0,7 mm

Dachdeckung, Ti-Zinkbl. (bis 5 m²),ern.	m²	1,60	113,36

Dachdeckung aus Titan-Zinkblech im gleichen Material, auf Vordächern, Anbauten, Abdeckungen etc. wie folgt erneuern:

- alte Verblechung entfernen
- alte Unterlagspappen entfernen und Untergrund auf Tragfähigkeit prüfen und reinigen
- Vordeckung aus einer Lage Glasvlies-Bitumendachbahn V13
- neue Verblechung in Platten oder Bahnen einbauen
- Anschlüsse an Mauerwerk und Dachrinnen herstellen
- Anschlüsse elastisch verfugen
- Bauschutt entsorgen

Blechdicke : 0,7 mm
Flächengröße : bis 5 m² Einzelfläche

Stehfalzprofildeckung, Ti-Zink, b=600 mm	m²	0,60	82,92

Stehfalzprofildeckung aus Titan-Zink, als Dachdeckung aus vorgefertigten Elementen, Befestigung gemäß System. Falzausbildung für vorgesehene Dachneigung geeignet.

Dachneigung : .....
Oberfläche : .....
Bahnenbreite : 600 mm
Blechdicke : 0,7 mm
Angeb. Fabrikat : .....

Dachaufbauten

	E	h	Preis
Gaubenverblechung, Titan-Zink, ausb.	m²	1,30	94,32

Gaubenverblechung aus Titan-Zinkblech mit leichten Beschädigungen im gleichen Material wie folgt ausbessern:

- lose Teile befestigen
- Stöße und Nähte auf Dichtheit überprüfen und gegebenenfalls abdichten
- kleine Löcher verlöten
- Anschlüsse an Fenster und Dachflächen überprüfen und abdichten

Dachneigung : .....

Gaubenverblechung, Satteld.,Ti-Zink,ern.	m^2	1,80	147,68

Gaubenverblechungen aus Titan-Zinkblech mit starken Schäden im gleichen Material wie folgt erneuern:

- alte Verblechung entfernen
- Vordeckung erneuern mit einer Lage Glasvlies-Bitumendachbahn V13
- kleinere Schäden an der Sparschalung ausbessern
- neue Verblechung einbauen, inkl. aller Anschlüsse an Fenster und Dach
- Bauschutt entsorgen

Ausführung : Satteldach

Dachrinnen

Dachrinnen	E	h	Preis
Dachrinne, demontieren, seitl. lagern	m	0,10	4,99

Dachrinne, vorgehängt, einschl. der Rinnenhaken, komplett demontieren und zur Wiederverwendung seitlich lagern.
Das Gerüst wird bauseits gestellt.

Dachrinne, demontieren, wiederanbringen	m	0,22	9,77

Dachrinne, vorgehängt, einschl. der Rinnenhaken, komplett demontieren, zur Wiederverwendung seitlich lagern und nach Fertigstellung der Arbeiten an Dach oder Fassade wieder anbringen; einschl. Verbindung zum Fallrohr (Einhangstutzen).
Gerüst wird bauseits gestellt.

Dachrinne, Ti-Zinkblech, ausbessern	m	0,30	16,43

Dachrinne aus Titan-Zinkblech, mit leichten Beschädigungen, im gleichen Material, wie folgt ausbessern:

- Rinnen säubern
- Rinnenhaken ausrichten
- Rinnenstutzen befestigen
- Schiebenähte und Stöße abdichten
- einzelne Löcher verlöten

Rinnengröße : Z 333 mm
Blechdicke : 0,7 mm

Dachrinne, Ti-Zinkblech, erneuern	m	0,40	33,90
Dachrinne aus Titan-Zinkblech im gleichen Material, wie folgt erneuern: • alte Rinnen inkl. Rinnenhaken und Traufblech entfernen und entsorgen • neue Rinne einbauen, inkl. Rinnenhaken und Rinneneinhang • Anschlüsse an die Fallrohre herstellen Rinnengröße : Z 333 mm Blechdicke : 0,7 mm			
Hängerinne, rund, Titan-Zinkblech, Z 285	m	0,30	25,93
Dachrinne als halbrunde Hängedachrinne, inkl. Rinnenhalter. Zuschnitt : 285 mm Wulstdurchmesser : Klasse X Höhe Rinnenvorderseite : ..... Material : Titan-Zinkblech Blechdicke : 0,7 mm Rinnenhalter : verzinkter Stahl HA Angeb. Fabrikat :			

Fallrohre	**E**	**h**	**Preis**
Fallrohr demontieren, seitl. lagern	m	0,10	4,57
Fallrohr der Dachentwässerung, einschl. Mauerhaken und Rohrverbindungen zu den Dachrinnen, komplett demontieren und zur Wiederverwendung seitlich lagern. Das Gerüst wird bauseits gestellt.			
Fallrohr abnehmen, wiederanbringen	m	0,30	15,70
Fallrohr aus Metall abnehmen und wiederanbringen, einschl. Fallrohrbogen, inkl. Auflöten vorhandener Verbindungen und Herstellen der Anschlüsse an Dachrinne und Standrohr. Nenngröße : bis DN 120			

Fallrohr, rund, Titan-Zinkblech, DN 100	m	0,23	25,35
Fallrohr, kreisförmig, für Dachentwässerungsanlagen, Dachrinnen etc., inkl. der Rohrschellen mit doppeltem Scharnier, sowie aller Zubehör- und Befestigungsteile. Befestigungsuntergrund : ..... Material : Titan-Zinkblech Blechdicke : 0,65 mm Nenngröße : DN 100 Nahtausführung : Klasse X			
Fallrohr, Ti-Zinkblech, DN 100, erneuern	**m**	**0,30**	**26,10**
Fallrohr, aus Titan-Zinkblech im gleichen Material, an der Fassade wie folgt erneuern: • altes Fallrohr entfernen, inkl. der Mauerhaken bzw. der Schellen, soweit erforderlich • neues Fallrohr aus Titanzink einbauen, inkl. der neuen Schellen bzw. Mauerhaken mit Befestigungsschellen, inkl. notwendiger Beiputzarbeiten • Anschluss an Dachrinne und Standrohr herstellen • Bauschutt entsorgen Nenngröße : DN 100 Blechdicke : 0,7 mm			

4/8 Putz- u. Stuckarbeiten, Wärmedämmsysteme

Reinigen Untergrund	E	h	Preis
Wandfläche reinigen, Fugen auskratzen	m²	0,10	5,09
Wandfläche aus Ziegelmauerwerk reinigen, Fugen auskratzen und mit Stahlbesen abbürsten; Bauschutt entsorgen.			
Hochdruckreinigung, Rotordüse, Putzgr.	m²	0,14	9,04
Putzgrund-Reinigung mit Hochdruckwasserstrahl und Rotordüse. Entfernen von fest haftenden Putz- oder Beschichtungsresten, Trennmitteln etc. auf Mauerwerk, Beton oder Putzflächen.			

Prüfungen Altputz	E	h	Preis
Putz prüfen, Ausblühungen	m²	0,07	4,57
Putzflächen auf Ausblühungen und Alkalität prüfen, einschl. ggf. Entnehmen von Putzproben und Phenolphtalein-Tests (Labor). Evtl. Gerüststellung ist Teil der Leistung. Bauteil : ..... Putzart : ..... Flächengröße :			
Putz prüfen, Feuchtigkeit	m²	0,05	2,91
Putzflächen auf Feuchtigkeitsbelastung prüfen, einschl. ggf. Kratzprobe und Feuchtemessung. Evtl. Gerüststellung ist Teil der Leistung. Bauteil : ..... Putzart : ..... Flächengröße :			

Putz prüfen, Oberflächenfestigkeit	m^2	0,02	1,45
Oberflächenfestigkeit von Putzflächen prüfen, mit Handwischprüfung und Ritznadel. Evtl. Gerüststellung ist Teil der Leistung. Bauteil : ..... Putzart : ..... Flächengröße :			
Putz prüfen, Saugfähigkeit	m^2	0,03	1,87
Putzflächen auf Saugfähigkeit prüfen durch Benetzungsprobe. Evtl. Gerüststellung ist Teil der Leistung. Bauteil : ..... Putzart : ..... Flächengröße :			

Vorbereitende Arbeiten	**E**	**h**	**Preis**
Hohlstellen abschlagen, Innenputz	St	0,24	11,85
Hohlstellen am Innenputz, abschlagen, inkl. Grobreinigung des Mauerwerks und Entsorgung des Bauschutts. Putzart und -dicke : ..... Hohlstellengröße : bis 1000 cm^2			
Fassadenflächen vorbereiten, Pilzbefall	m2	0,06	6,29
Fassadenflächen, verputzt, mit Algen- und Pilzbefall mit algizider und fungizider Sanierlösung 3 x nass in nass mit Bürste einstreichen. Angeb. System :			
Ausblühungen trocken entfernen	m^2	0,08	5,16
Sichtbare, weißliche Ausblühungen (Salzkristalle) an Putzuntergund trocken abbürsten. Art des Untergrunds :			

Dispersions-Beschichtung ablaugen	m²	0,25	14,66
Dispersionsbeschichtung- oder Kunstharzputz-Beschichtung mit Abbeizmittel ablaugen. Verbliebene Reste entfernen. Farbschlamm gemäß gesetzlichen Bestimmungen entsorgen.			
Putzschichten abstoßen	m²	0,15	7,48
Putzschichten in Innenwänden (mürbe, sich vom Untergrund lösend) in Kleinflächen abschlagen; Bauschutt entsorgen.			
Mineralische Haftbrücke, Betonflächen	m²	0,05	6,55
Mineralischen, kunststoffvergüteten Haftgrund aus Werktrockenmörtel auf staubfrei gereinigten glatten und/oder schwach saugenden Betonflächen auftragen, mit gezahntem Glätter verziehen. Mindestens 3 Tage aushärten lassen bevor Unterputze aufgetragen werden. Mörtelgruppe : CS III Schichtdicke : ca. 5 mm			

Erdberührte Bauteile, innen	**E**	**h**	**Preis**
Altes Mauerwerk, unterirdisch, vorber.	m²	0,42	23,29
Altes Mauerwerk unter Geländeoberkante von Erdreich, Putzresten etc. reinigen. Fugen auskratzen. Einzelne, vorstehende Sandsteine abspitzen. Lose Mauerteile entfernen, mit geeigneten Steinen und mit Zement-Mauermörtel ausmauern.			
Ausblühungen entfernen, Sanierputzarb.	m²	0,06	4,26
Sichtbare, weißliche Ausblühungen (Salzkristalle) an Steinoberfläche im Innenbereich trocken entfernen.			
Mauerwerk abbürsten	m²	0,05	3,43
Feuchte- und salzgeschädigtes Mauerwerk gründlich mit Stahlbesen abbürsten, anfallenden Bauschutt und Staub entfernen, einschl. Abdeckung des Bodens geeigneter Folie.			

Mauerwerksfugen auskratzen	m^2	0,20	15,28
Auskratzen von mürben und losen Mauerwerksfugen, anfallende Mörtelreste, einschl. Abdeckung des Bodens mit geeigneter Folie. Fugentiefe : bis 2 cm			
Spritzbewurf für Sanierputzsystem	m^2	0,10	7,17
Spritzbewurf, vollflächig, auf gereinigte Wandflächen mit einem systemzugehörigen Werk-Trockenmörtel für nachfolgenden Sanierputz. Die Anforderungen der WTA-Richtlinie sind zu erfüllen. Bewurf vor Weiterarbeit erhärten und (weißtrocken) austrocknen lassen. Mörtelgruppe : CS IV Angeb. Putzsystem :			
Sanierputz nach WTA, hohe Salzbelastung	m^2	0,55	44,72
Sanierputz für Mauerwerk mit hoher Salzbelastung nach WTA Merkblatt 2-2-91 als Sanierputzsystem bestehend aus: • Spritzbewurf, i.d.R. „netzförmig" aufgetragen • Grundputz-WTA als „Ausgleichsputz" und/oder Salzspeicher als „Porengrundputz" • Sanierputz-WTA Gesamtschichtdicke : mind. 25 mm			
Sanierputz n.WTA,geringe Salzbelast,20mm	m^2	0,50	48,46
Sanierputz für Mauerwerk mit geringer Salzbelastung nach WTA Merkblatt 2-2-91 als Sanierputzsystem. • Spritzbewurf, i.d.R. „netzförmig" aufgetragen • Sanierputz-WTA Gesamtschichtdicke : 20 mm			
Sanierputz n.WTA,geringe Salzbelast,25mm	m^2	0,45	50,44
Sanierputz für Mauerwerk mit geringer Salzbelastung nach WTA Merkblatt 2-2-91 als Sanierputzsystem. • Spritzbewurf, i.d.R. „netzförmig" aufgetragen • Sanierputz-WTA Gesamtschichtdicke : 25 mm			

Oberputz a.Grundputz, Sanierputzsystem	m^2	0,18	11,23

Oberputz für Sanierputzsystem mit hoher Wasserdampfdurchlässigkeit auf Porengrundputz.
Anforderungen gemäß WTA-Richtlinie müssen erfüllt werden.

Einbauort	:	Wandflächen
Putzdicke	:	ca. 5 mm
Mörtelart	:	R (Sanierputzmörtel DIN EN 998-1)
Mörtelgruppe	:	CS II
Oberfläche	:	gefilzt
Farbton	:	.....
Erzeugnis	:	.....

Kratzputz a.Grundputz, Sanierputzsystem	m^2	0,22	15,28

Edelputz, mineralisch, als dekorativer Oberputz für Sanierputzsystem mit hoher Wasserdampfdurchlässigkeit auf ausgehärteten, systemzugehörigen Porengrundputz.
Anforderungen gemäß WTA-Richtlinie müssen erfüllt werden.

Einbauort	:	Wandflächen außen
Struktur	:	Kratzputz
Mörtelart	:	R (Sanierputzmörtel DIN EN 998-1)
Mörtelgruppe	:	CS II
Körnung	:	.....
sd-Wert	:	max. 2 m
Farbton	:	.....
Erzeugnis	:	.....

Reibeputz a.Grundputz, Sanierputzsystem	m^2	0,22	15,26

Edelputz, mineralisch, als dekorativer Oberputz für Sanierputzsystem mit hoher Wasserdampfdurchlässigkeit auf ausgehärteten, systemzugehörigen Porengrundputz. Anforderungen gemäß WTA-Richtlinie müssen erfüllt werden

Einbauort	:	Wandflächen außen
Mörtelart	:	R (Sanierputzmörtel DIN EN 998-1)
Mörtelgruppe	:	CS II
Struktur	:	Reibeputz
Körnung	:	.....
sd-Wert	:	max. 2 m
Wasseraufnahmekoeffizient	:	max. 0,5 kg/(m^2 x h 0,5)
Farbton	:	.....
Erzeugnis	:	.....

Instandsetzung Außenwände

	E	h	Preis
Schäden im Mauerwerk ausmauern, außen	m^2	1,40	82,68

Schäden im Mauerwerk ausmauern, lose Mauerteile herausnehmen, Bruchstellen säubern, mit passendem Mauerwerksmaterial füllen. Schutt entfernen und entsorgen.

Mauerwerksdicke	:	.....
Art des Mauerwerks	:	.....

Sockelglattputz,3-lagig, Ziegel, ern.	m^2	0,52	43,78

Sockelputz als dreilagigen Glattputz auf Kleinflächen vorsichtig abschlagen, Mauerwerksfugen bis 15 mm tief auskratzen, beschädigte Ziegelsteine ausstemmen und Steine gleichen Formates oberflächenbündig einmauern, Ziegelflächen mit der Drahtbürste oder einem Metallbesen reinigen, Bauschutt entsorgen, Putzuntergrund vornässen.
Glattputz dreilagig wie folgt herstellen:

1. Lage	:	Kalkzementspritzputz, MV 1:1:3, netzförmig aufbringen
2. Lage	:	Kalkmörtelputz, MV 1:3, rau verrieben
3. Lage	:	Kalk-Mörtelputz, glatt verrieben
Putzdicke	:	20 - 25 mm
Größe der Einzelflächen	:	bis 2 m^2

Sockelrauputz, 2-lagig, Ziegel, ern.	m^2	0,45	37,54

Sockelputz als zweilagigen Rauputz auf Kleinflächen vorsichtig abschlagen, Mauerwerksfugen bis 15 mm tief auskratzen, beschädigte Ziegelsteine ausstemmen und Steine gleichen Formates oberflächenbündig einmauern, Ziegelflächen mit der Drahtbürste oder einem Metallbesen reinigen, Bauschutt entsorgen, Putzuntergrund vornässen, Oberputz in der Struktur dem Umgebungsputz anpassen.

Unterputz	:	MV 1:2:6
Oberputz	:	MV 1:3, 1 Raumteil Zement, 3 Raumteile Waschkies, Körnung 0 - 6 mm
Putzdicke	:	bis 20 mm
Größe der Einzelflächen	:	bis 2 m^2

Außenputz ausbessern, bis 1,0 m^2	m^2	0,65	37,12

Außenputz wie folgt ausbessern:
- lose Außenputzflächen abschlagen
- Mauerwerksfugen bis 15 mm tief auskratzen
- Wandflächen reinigen
- Bauschutt entsorgen

Putzflächen wie folgt erneuern:
- Spritzbewurf
- Unterputz
- Oberputz

Mörtelgruppe	:	M 2,5 / NM II (P II)
Oberfläche	:	.....
Flächen bis 1,0 m^2		

Außenputz ausbessern, bis 2,5 m²	m²	0,55	35,56

Außenputz wie folgt ausbessern:
- lose Außenputzflächen abschlagen
- Mauerwerksfugen bis 15 mm tief auskratzen
- Wandflächen reinigen
- Bauschutt entsorgen

Putzflächen wie folgt erneuern:
- Spritzbewurf
- Unterputz
- Oberputz

Mörtelgruppe : M 2,5 / NM II (P II)
Oberfläche : .....
Flächen bis 2,5 m²

Leibungsputz, Außenwandputz glatt, ern.	m	0,25	14,76

Leibungsputz für Fenster und Türen im Außenbereich erneuern.
Mörtelart : GP (Normalputzmörtel)
Mörtelgruppe : M 2,5 / NM II (P II)
Kapillare Wasseraufnahme : W 2
Putzgrund : Mauerwerk
Leibungstiefe : bis 100 mm
Oberfläche : glatt

Außenputz erneuern, Kalkputz	m²	0,50	32,55

Außenputz aus Kalk auf Fassaden-Ziegelmauerwerk oder Bruchstein wie folgt erneuern:
- alle Putzreste und lose Gesteinsteile entfernen und entsorgen
- Mauerwerk mit scharfem Wasserstrahl reinigen
- Schadstellen mit gleichem Material ausmauern. (MV 1 Teil hydraulischer Kalk, 3 Teile gewaschener Sand 0 - 0,7, mit max. 25 % Feinsandanteil)
- Fassade gut anfeuchten (nicht bei Holzwolleleichtbauplatten und Bimssteinen)
- Spritzbewurf bei wenig saugendem und glattem Mauerwerk aus MV 2 RT gewaschenem Sand und 1 RT hydraulischem Kalk
- Oberputz feucht in feucht dünn auftragen, mit 3,5 RT gewaschenem Sand 0,3 mm, 1 RT hydraulischem Kalk

Struktur : fein verrieben

Bossenputz ausbessern	m²	0,85	41,80
Bossenputz, leicht beschädigt, an verschiedenen Stellen in der Fassade ausbessern; Bauschutt entsorgen. Bossenputz in vorgefundener Materialart und Struktur wieder herstellen. Beschädigungsgrad : etwa 0,4 m²/m² Mörtelart :			
Bossenputz erneuern	m²	1,70	99,73
Bossenputz an der Fassade völlig erneuern, wie folgt: • Abschlagen der alten Putzflächen • Reinigen des Untergrundes • Bauschutt entsorgen Bossenputz in vorgefundener Materialart und Struktur wieder herstellen. Mörtelart :			
Faschenputz ausbessern	m²	0,90	50,75
Faschenputz an Fassaden mit leichten Beschädigungen in kleineren Flächen ausbessern. Faschenbreite :			
Faschenputz erneuern	m²	0,80	51,58
Faschenputz an der Fassade völlig erneuern, wie folgt: • Abschlagen der alten Putzflächen • Reinigen des Untergrundes • Bauschutt entsorgen Faschenputz in vorgefundener Materialart und Struktur wieder herstellen. Mörtelart :			

AW-Oberputz, Kalkzement, 5 mm, faserv.	m2	0,22	19,86

Faserverstärkter Oberputz als Renovierputz auf Basis von Kalkzement, an Wänden im Außenbereich, einschichtig und gefilzt; zur Überarbeitung von tragfähigen Außenputzen.

Putzgrund	:	Putz (Unterputz) CS II/III
Mörtelart	:	GP (Normalputzmörtel)
Mörtelgruppe	:	CS II
Kapillare		
Wasseraufnahme	:	W 2
Putzdicke	:	3-5 mm
Körnung	:	bis 0,6 mm
Oberfläche	:	gefilzt
Angeb. Fabrikat	:	.....

AW-Oberputz, Kalkzement, 10 mm, faserv.	m^2	0,25	25,58

Faserverstärkter Oberputz als Renovierputz auf Basis von Kalkzement mit organischen Zusätzen, einschichtig, zur Überarbeitung von tragfähigen Außenputzen an Wänden.

Putzgrund	:	Putz CS II/III
Mörtelart	:	GP (Normalputzmörtel)
Mörtelgruppe	:	CS III
Kapillare		
Wasseraufnahme	:	W 2
Putzdicke	:	5-10 mm
Körnung	:	bis 1,3 mm
Oberfläche	:	gefilzt
Angeb. Fabrikat	:	.....

Glattputz,3-lagig,außen,erneuern,bis 2m²	m²	0,42	38,79

Außenwandputz, als dreilagigen Glattputz auf Kleinflächen vorsichtig abschlagen, Mauerwerksfugen bis 15 mm tief auskratzen, Ziegelflächen mit der Drahtbürste oder einem Metallbesen reinigen; Bauschutt entsorgen. Putzuntergrund vornässen.
Glattputz dreilagig wie folgt herstellen:

1. Lage	:	Kalkzementspritzwurf, MV 1:1:3 netzförmig aufbringen
2. Lage	:	Kalkmörtelputz MV 1:3, rau verrieben
3. Lage	:	Kalkmörtelfeinputz, glatt verrieben, gefilzt, an vorhandenen Putz anpassen
Putzdicke	:	25 - 35 mm
Größe der Einzelflächen	:	bis 2 m²

Kellenwurfputz,außen,erneuern, bis 2 m²	m²	1,20	79,76

Außenwandputz, als Kellenwurfputz vorsichtig abschlagen, Mauerwerksfugen bis 15 mm tief auskratzen, Ziegelfläche reinigen; Bauschutt entsorgen. Vornässen des Putzuntergrundes. Kellenwurfputz als Kalkmörtelputz in drei- bis vierlagigem Auftrag herstellen und der vorhandenen Putzstruktur anpassen.

Putzdicke	:	25 - 35 mm
Größe der Einzelflächen	:	bis 2 m²

Fenster einputzen, außen	m	0,15	8,00

Fenster außen einputzen, im Zuge der Fassadeninstandsetzungsarbeiten, inkl. Schließen von evtl. vorhandenen Ausplatzungen in der Leibung.

Leibungstiefe	:	bis 20 cm
Mörtelart	:	Kalkzement, CS II

Putzsanierung, Spachtelung+Armierung	m2	0,22	13,20

Putzflächensanierung auf Außenwand durch Gewebespachtelung mit Armierung, inkl. Haftgrund, für nachfolgenden Oberputz. Oberputz in gesonderter Position.

Wandfläche	:	Mauerwerk mit Putz
Armierung	:	Glasfaser
Traufhöhe	:	bis 6,0 m

Ausbruchstelle Außenputz,Gitterhalterung	St	0,50	29,22

Außenputz im Bereich der Halterung eines eisernen Fenstergitters ausstemmen; Bauschutt entsorgen. Gitterhalterung mit Kalkmörtel verfüllen und Anschluss zum vorhandenen Wandputz ohne sichtbaren Ansatz herstellen.

Rissesanierung, Außenwandputz	**E**	**h**	**Preis**
Einzelriss starr, schließen, Putz, E1	m	0,12	6,55

Einzelriss, ohne Rissbreitenänderung, in Außenputz weiten, Rissränder verfestigend grundieren und mit Spachtelmasse schließen.
Oberfläche an vorhandenen Putz anpassen.
Instandsetzungskonzept : WTA-MB 2-4-94/D E1
Bauteil : .....
Lage : .....
Putzart : .....
Oberfläche : .....
Spachtelmasse : .....

Einzelriss instandsetzen, Putz, E2a	m	0,13	6,96

Einzelriss im Außenputz durch Rissüberbrückung entsprechend Instandsetzungskonzept nach WTA-MB 2-4-94/D E2a instand setzen.
Die Leistung umfasst das Freilegen des Risses, die Trennung und Überdeckung des Putzes und Verputzen, einschl. Angleichen der Oberfläche entsprechend E2a-1 bis 3.

Einzelriss freilegen, Putz, 2-l.,E2a-1	m	0,20	9,98

Einzelriss im Außenputz, zweilagig, inkl. Spritzbewurf beidseits des Risses auf ca. 20 cm Breite freilegen. Oberputz zusätzlich an beiden Seiten ca. 5 cm entfernen und vorhandene Unebenheiten ausgleichen. Wände vollflächig reinigen, Bauschutt entsorgen.
Instandsetzungskonzept : WTA-MB 2-4-94/D E2a
Arbeitsschritt : 1
Bauteil : .....
Lage : .....
Putzart : .....
Putzdicke : bis 25 mm

Riss überdecken,Trennl./Putzträger,E2a-2	m	0,23	14,97

Einzelriss in Außenwandputz mit Trennlage und Gewebe überdecken, inkl. Befestigung der Ränder im Abstand von 25 cm.
Instandsetzungskonzept : WTA-MB 2-4-94/D E2a
Arbeitsschritt : 2
Putzträger : .....

Riss schließen/angleichen, Putz, E2a-3	m	0,20	16,12

Einzelriss schließen durch Verputzen der freigelegten Flächen in zwei Lagen, einschl. Angleichen der Oberfläche an bestehenden Putz.
Instandsetzungskonzept : WTA-MB 2-4-94/D E2a
Arbeitsschritt : 3
Putzart : .....
Oberfläche : .....

Einzelriss instandsetzen, Putz, E2b	m	0,15	7,90

Einzelriss im Außenputz durch Rissüberbrückung entsprechend Instandsetzungskonzept nach WTA-MB 2-4-94/D E2b instand setzen.
Die Leistung umfasst das Freilegen des Risses, das Aufweiten des Risses mit plastoelastischer Verfüllung, die Trennung und Überdeckung des Putzes und Verputzen, einschl. Angleichen der Oberfläche entsprechend E2b-1 bis 4.

Einzelriss freilegen, Putz, 2-l., E2b-1	m	0,20	10,71

Einzelriss im Außenputz, zweilagig, inkl. Spritzbewurf, beidseits des Risses auf ca. 20 cm Breite entfernen. Unterputz zusätzlich an beiden Seiten ca. 15 cm breit und 4 mm tief entfernen und vorhandene Unebenheiten ausgleichen. Wände vollflächig reinigen, Bauschutt entsorgen.
Instandsetzungskonzept : WTA-MB 2-4-94/D E2b
Arbeitsschritt : 1
Bauteil : .....
Lage : .....
Putzart : .....
Putzdicke : bis 25 mm

Einzelriss weiten/schließen, E2a-2	m	0,17	9,56

Einzelriss im Untergrund auf ca. 1 cm Breite aufweiten und mit plastoelastischer Dichtungsmasse verschließen, einschl. Vorbehandlung der Rissflanken.
Instandsetzungskonzept : WTA-MB 2-4-94/D E2b
Arbeitsschritt : 2
Untergrund : .....

Riss überdecken,Trennl./Putzträger,E2b-3	m	0,12	6,44

Einzelriss in Außenwandputz mit alkalibeständigem Glasfasergewebe in Armierungsmörtel überdecken.
Instandsetzungskonzept : WTA-MB 2-4-94/D E2b
Arbeitsschritt : 3
Putzträger : .....

Riss schließen/angleichen, Putz, E2b-4	m	0,25	20,48

Einzelriss schließen durch Verputzen der freigelegen Flächen in zwei Lagen, einschl. Angleichen der Oberfläche an bestehenden Putz.
Instandsetzungskonzept : WTA-MB 2-4-94/D E2b
Arbeitsschritt : 4
Putzart : .....
Oberfläche : .....

Einzelriss flexib.,elast.Fuge.,Putz, E3a	m	0,17	11,85

Einzelriss, mit Rissbreitenänderung, als geradlinig verlaufender Riss in Putzflächen durch Ausbilden einer Bewegungsfuge instand setzen. Riss auf das Vierfache der zu erwartenden Rissbreitenänderung - jedoch mind. 8 mm - bis auf Putztiefe aufweiten. Rissränder verfestigend grundieren, Einbringen des Hinterfüllprofils und Schließen des Risses mit plastoelastischer Dichtungsmasse.
Instandsetzungskonzept : WTA-MB 2-4-94/D E3a
Bauteil : .....
Lage : .....
Putzart : .....
Putzdicke : bis 25 mm
Oberfläche : .....
Dichtungsmasse : .....

Einzelriss flexibel, Profil, Putz, E3b	m	0,27	35,77

Einzelriss, mit Rissbreitenänderung, als geradlinig verlaufender Riss in Putzflächen durch Einbau einer Bewegungsfuge mit Fugenprofil instand setzen. Putz beidseitig des Risses für Einbau des Profils freilegen und anschließend beiputzen. Bewegungsprofil auf das Vierfache der zu erwartenden Rissbreitenänderung auslegen.

Instandsetzungskonzept	:	WTA-MB 2-4-94/D E3b
Bauteil	:	.....
Lage	:	.....
Putzart	:	.....
Putzdicke	:	bis 25 mm
Oberfläche	:	.....
Bewegungsfugenprofil	:	.....

Instandsetzung Innenwände

	E	h	Preis
Kalkputz, Großflächen abschlag.,Haftem.	m^2	0,32	15,91

Kalkputz an Wänden im Innenbereich in größeren zusammenhängenden Flächen abschlagen. Die Wände vollflächig reinigen und mit einer Haftemulsion behandeln; Bauschutt entsorgen.

Einzelgröße : über 5 m^2

Kalkputz, Kleinflächen abschlag.,Haftem.	m^2	0,35	17,16

Kalkputz an Wänden im Innenbereich in kleinen Flächen abschlagen. Die Wände vollflächig reinigen und mit einer Haftemulsion behandeln; Bauschutt entsorgen.

Einzelgröße	:	bis 1,5 m^2
Materialart (Haftemulsion)	:	.....

Kalkputz, glatt, Kleinflächen, bis 1 m^2	m^2	0,30	23,19

Kalkputz aller Mörtelgruppen auf Innenwänden aus Mauerwerk auf Flächen bis 1 m^2 herstellen, ein-/zweilagig, Oberfläche an vorhandenen Putz ansatzfrei verreiben, filzen.

Mörtelgruppe	:	.....
Einbauort	:	.....

Kalkputz, Altbauwände, bis 2 m^2	m^2	0,40	26,62

Kalkputz, zweilagig, auf Altbauwände, in Teilflächen, inkl. Spritzbewurf und Überspannen von rissegefährdeten Flächen mit Putzträgermaterial. Bleibende Putzflächen durch gerade geschnittene Fugen begrenzen. Oberfläche dem vorhandenen Putz anpassen.
Oberfläche : gefilzt
Putzdicke : bis ca. 30 mm
Einzelfläche : bis 2 m^2

Kalkputz, Altbauwände, bis 5 m^2	m^2	0,37	26,52

Kalkputz, zweilagig, auf Altbauwände, in Teilflächen, inkl. Spritzbewurf und Überspannen von rissegefährdeten Flächen mit Putzträgermaterial.
Bleibende Putzflächen durch gerade geschnittene Fugen begrenzen. Oberfläche dem vorhandenen Putz anpassen.
Oberfläche : gefilzt
Putzdicke : 10 - 15 mm
Einzelgröße : bis 5 m^2

Putzschäden ausbessern	m^2	0,30	28,70

Putzschäden (Löcher, Schlag- und Schleifstellen) an geputzten Innenwänden bis auf das Ziegelmauerwerk öffnen, reinigen, vornässen, mit Mörtel entsprechend des Umgebungsputzes schließen, Oberfläche ansatzfrei verreiben und filzen.
Mörtelart : .....
Ausführungsort : .....

Fehlstellen verputzen, 0,01-0,1 m^2	St	0,06	3,12

Fehlstellen des Innenwandputzes verputzen, inkl. reinigen und vornässen, Oberfläche ansatzfrei verreiben und filzen.
Größe : 0,01 bis 0,1 m^2
Mörtelart : .....

Fehlstellen verputzen, 0,1-0,2 m^2	St	0,10	5,51

Fehlstellen des Innenwandputzes verputzen, inkl. reinigen und vornässen, Oberfläche ansatzfrei verreiben und filzen.
Größe : 0,1 bis 0,2 m^2
Mörtelart : .....

Sanierung Risse, Innenputz	m	0,25	17,05
Sanierung der Risse auf Innenputzflächen, durch Weiten der Risse und Verpressen mit kunstharzvergütetem Mörtel, danach Anbringen von Rippenstreckmetall für nachfolgenden Renovierungsputz. Rissweite :			
Kalkgipswandputz, Altbauwände	m^2	0,30	25,48
Kalkgipswandputz, einlagig, auf bestehendes Alt-Mauerwerk aufbringen. Oberfläche : glatt verrieben Putzdicke : 10 - 15 mm			
Glattputz,3-lagig,innen,erneuern,bis 2m²	m^2	0,50	43,16
Glattputz, dreilagig, innen, auf Kleinflächen vorsichtig abschlagen, Ziegelflächen reinigen; Bauschutt entsorgen. Kleinere Schadstellen in der Ziegelfläche mit Ziegelbrocken ausmauern, Putzflächen vornässen. Glattputz dreilagig wie folgt herstellen: 1. Lage : Kalkzementspritzwurf MV 1:1:3 auf Ziegelfläche netzförmig aufbringen 2. Lage : Kalkmörtelputz MV 1:3, rau verrieben 3. Lage : Kalkmörtelfeinputz MV 1:3, glatt verrieben, an vorh. Putz anpassen Putzdicke : 20 - 30 mm			
Rapputz, 1-lagig, Ziegel, erneuern	m^2	0,30	25,37
Rapputz, einlagig, Kleinflächen vorsichtig abschlagen, Fugen im Ziegelmauerwerk bis 15 mm tief auskratzen, Ziegelflächen reinigen; Bauschutt entsorgen. Kleinere Schadensstellen in der Ziegelfläche ausbessern, Putzflächen vornässen, Rapputz einlagig auftragen und mit der Kelle glätten. Mörtelart : ..... Putzdicke : bis 15 mm			
Altputzflächen spachteln	m^2	0,20	10,29
Altputzflächen spachteln (CS I - CS IV) bei größeren Ausbruchtiefen zur Erreichung gleicher Oberflächenstruktur wie benachbarte Altputzflächen.			

Randflächen beiputzen	m	0,16	11,23
Randflächen von Fenstern, Türen, Kuppeln nach dem Einsetzen an der Innenseite beiputzen. Putzart : ..... Mörtelart : ..... Breite : bis 40 cm Ausführungsort :			
Putzanschluss an Fliesen, bis 10 cm	**m**	**0,20**	**12,37**
Putzanschluss an Fliesen in Mörtelgruppe CS II (P II), Fliesen säubern. Breite : bis 10 cm			

Vorbereitende Arbeiten	**E**	**h**	**Preis**
Untergrundvorbereitung, WDVS	m²	0,04	2,70
Untergrund auf Schmutz-, Staub-, Öl- und Fettfreiheit prüfen, Flächen von Schmutz und Staub reinigen, Schalölreste mit Fluat behandeln. Reinigungsmittel :			
Ausgleichsputz auftragen	m²	0,25	14,45
Ausgleichsputz auftragen und entsprechend Erhärtungszeit trocknen lassen. Unebenheiten : +/- 10 mm Mörtel : ..... Fabrikat : ..... Erhärtungszeit :			

Abbruch WDVS	**E**	**h**	**Preis**
Wärmedämm-Verbund. abbrech, PS bis 150	m²	0,40	30,68
Wärmedämm-Verbundsystem mit Putz abbrechen und entsorgen. Putzart : ..... Beschichtung : ..... WD-Verbundsystem : Polystyrol (PS) Dicke : bis 150 mm			

Wärmedämm-Verbund. abbrech, MW bis 150	m^2	0,43	35,04

Wärmedämm-Verbundsystem mit Putz abbrechen und entsorgen.

Putzart	:	.....
Beschichtung	:	.....
WD-Verbundsystem	:	Mineralwolle (MW)
Dicke	:	bis 150 mm

Wärmedämm-Verbund. abbrech, HWF bis 150	m^2	0,43	33,48

Wärmedämm-Verbundsystem mit Putz abbrechen und entsorgen.

Putzart	:	.....
Beschichtung	:	.....
WD-Verbundsystem	:	Holzweichfaser (HWF)
Dicke	:	bis 150 mm

Wärmedämm-Verbundsysteme

	E	h	Preis
WDVS bis 20 m, MW 100, Klebeverfahren	m^2	0,80	66,57

Wärmedämm-Verbundsystem aus Mineralwolleplatten im Klebeverfahren, einschl. zusätzlicher Verdübelung in der Fläche sowie im Randbereich mit Armierungsschicht anbringen; Oberputz in gesonderter Position.

Untergrund	:	.....
Gebäudehöhe	:	8 bis 20 m
Dämmmaterial	:	Mineralfaserplatten
Plattenkante	:	.....
Wärmeleitfähigkeit	:	.....
Dämmplattendicke	:	100 mm
Zusatzverdübelung	:	.....St/m^2
Randbereich	:	zusätzlich ..... St/m^2
Armierungsschicht	:	.....
Zulassung	:	.....
Gef. Baustoffklasse	:	.....
Angeb. Fabrikat	:	.....

WDVS bis 20 m, MW 160, Klebeverfahren	m^2	0,90	83,39

Wie beschrieben.

Untergrund	:	.....
Gebäudehöhe	:	8 bis 20 m
Dämmmaterial	:	Mineralfaserplatten
Plattenkante	:	.....
Wärmeleitfähigkeit	:	.....
Dämmplattendicke	:	160 mm
Zusatzverdübelung	:	.....St/m²
Randbereich	:	zusätzlich ..... St/m²
Armierungsschicht	:	.....
Zulassung	:	.....
Gef. Baustoffklasse	:	.....
Angeb. Fabrikat	:	.....

WDVS bis 20 m, PS 100, Klebeverfahren	m^2	0,80	65,72

Wärmedämm-Verbundsystem aus Polystyrol-Hartschaumplatten im Klebeverfahren, einschl. zusätzlicher Verdübelung in der Fläche sowie im Randbereich mit Armierungsschicht anbringen; Oberputz in gesonderter Position.
Evtl. vorhandene Restfugen zwischen den Hartschaumplatten sind vor Auftrag der Armierungsschicht mit Füllschaum nachzuarbeiten und Unebenheiten mit Schleifbrett abzuschleifen.

Untergrund	:	.....
Gebäudehöhe	:	bis 20 m
Dämmmaterial	:	Polystyrol-Hartschaum
Wärmeleitfähigkeit	:	.....
Dämmplattendicke	:	100 mm
Zusatzverdübelung	:	..... St/m²
Randbereich	:	zusätzlich ..... St/m²
Armierungsschicht	:	.....
Zulassung	:	.....
Gef. Baustoffklasse	:	.....
Schlagfestigkeit	:	.....
Eindringwiderstand	:	.....
Angeb. Fabrikat	:	.....

WDVS bis 20 m, PS 180, Klebeverfahren		m^2	0,90	87,83
Wie beschrieben. Untergrund : ..... Gebäuehöhe : bis 20 m Dämmmaterial : Polystyrol-Hartschaum Wärmeleitfähigkeit : ..... Dämmplattendicke : 180 mm Zusatzverdübelung : ..... St/m^2 Randbereich : zusätzlich ..... St/m^2 Armierungsschicht : ..... Zulassung : ..... Gef. Baustoffklasse : ..... Schlagfestigkeit : ..... Eindringwiderstand : ..... Angeb. Fabrikat :				

WDVS bis 20 m, MW 100, mech.Befestigung	m^2	1,00	91,33

Wärmedämm-Verbundsystem aus Mineralwolleplatten mit mechanischer Befestigung mittels Leisten und Fassadenschraubdübel, inkl. Ausgleich mit Unterlegscheiben; Oberputz in gesonderter Position.
Die Leistung ist einschließlich ggf. notwendiger Verdübelung in der Fläche mit Hinterfütterung sowie der zusätzlichen Randverdübelung und Armierungsschicht anzubieten.

Untergrund	:	.....
Gebäudehöhe	:	bis 20 m
Dämmmaterial	:	Mineralfaser, mit Nut und Feder
Wärmeleitfähigkeit	:	.....
Dämmplattendicke	:	100 mm
Leisten	:	Alu
Fassadenschraubdübel	:	.....
Durchmesser	:	..... mm
Dübelabstand	:	..... cm
Unterlegscheiben	:	d= von 3 bis 10 mm
Zusatzverdübelung	:	..... St/m^2
Randbereich	:	zusätzlich ..... St/m^2
Zulassung	:	.....
Gef. Baustoffklasse	:	.....
Schlagfestigkeit	:	.....
Eindringwiderstand	:	.....
Angeb. Fabrikat	:	.....

WDVS bis 20 m, MW 160, mech.Befestigung	m^2	1,20	102,86

wie beschrieben.

Untergrund	:	.....
Gebäudehöhe	:	bis 20 m
Dämmmaterial	:	Mineralfaser, mit Nut und Feder
Wärmeleitfähigkeit	:	.....
Dämmplattendicke	:	160 mm
Leisten	:	Alu
Fassadenschraubdübel	:	.....
Durchmesser	:	..... mm
Dübelabstand	:	..... cm
Unterlegscheiben	:	d= von 3 bis 10 mm
Zusatzverdübelung	:	..... St/m^2
Randbereich	:	zusätzlich ..... St/m^2
Zulassung	:	.....
Gef. Baustoffklasse	:	.....
Schlagfestigkeit	:	.....
Eindringwiderstand	:	.....
Angeb. Fabrikat	:	.....

WDVS bis 20 m, PS 100,mech.Befestigung	m²	1,10	82,79

Wärmedämm-Verbundsystem aus Polystyrol-Hartschaumplatten mit mechanischer Befestigung mittels Halteleiste und Verbindungsleisten aus Kunststoff sowie Dübel, inkl. Ausgleich durch Unterlegscheiben; Oberputz in gesonderter Position.
Die Restfugen sind mit Füllschaum nachzuarbeiten und Unebenheiten mit Schleifbrett abzuschleifen.
Die Leistung ist einschließlich ggf. notwendiger Verdübelung in der Fläche mit Hinterfütterung sowie der zusätzlichen Randverdübelung und Armierungsschicht anzubieten.

Untergrund	:	.....
Gebäudehöhe	:	bis 20 m
Dämmmaterial	:	Polystyrol-Hartschaum, mit Nut und Feder
Wärmeleitfähigkeit	:	.....
Dämmplattendicke	:	100 mm
Leisten	:	Kunststoff
Fassadenschraubdübel	:	.....
Durchmesser	:	..... mm
Dübelabstand	:	..... cm
Unterlegscheiben	:	d= von 3 bis 10 mm
Zusatzverdübelung	:	..... St/m²
Randbereich	:	zusätzlich ..... St/m²
Zulassung	:	.....
Gef. Baustoffklasse	:	.....
Schlagfestigkeit	:	.....
Eindringwiderstand	:	.....
Angeb. Fabrikat	:	.....

WDVS bis 20 m, PS 160,mech.Befestigung	m²	1,30	101,54

wie beschrieben.

Untergrund	:	.....
Gebäudehöhe	:	bis 20 m
Dämmmaterial	:	Polystyrol-Hartschaum, mit Nut und Feder
Wärmeleitfähigkeit	:	.....
Dämmplattendicke	:	160 mm
Leisten	:	Kunststoff
Fassadenschraubdübel	:	.....
Durchmesser	:	..... mm
Dübelabstand	:	..... cm
Unterlegscheiben	:	d= von 3 bis 10 mm
Zusatzverdübelung	:	..... St/m²
Randbereich	:	zusätzlich ..... St/m²
Zulassung	:	.....
Gef. Baustoffklasse	:	.....
Schlagfestigkeit	:	.....
Eindringwiderstand	:	.....
Angeb. Fabrikat	:	.....

Beschichtungen

	E	h	Preis
Silikatputz, Kratzputz, WDVS-Wand	m²	0,20	23,43

Silikatputz als Oberputz, an Wandflächen des Wärmedämm-Verbundsystems.

Putzgrund	:	Armierungsschicht
Putzart	:	.....
Körnung	:	.....
Farbton	:	.....
Struktur	:	Kratzputz
Angeb. Fabrikat	:	.....

Anti-Pilz, für WDVS	m²		5,04

„Anti-Pilz"-Beimischung der Schlussbeschichtung, für Wärmedämm- Verbundsystem.

Höhe	:	.....

Anti-Graffiti, für WDVS	m^2		20,59
Anti-Graffiti-Beimischung der Schlussbeschichtung, für Wärmedämm- Verbundsystem. Höhe :			

Reparatur WDVS

Reparatur WDVS	E	h	Preis
Reparatur WDVS, Putzträgerplatte	m^2	0,30	30,99
Reparatur des Wärmedämm-Verbundsystems wie folgt: • Schadstellen flächenbündig spachteln • Wandflächen mit mineralischer Putzträgerplatte ausbessern, verkleiden, Platte stoßfest • Putzträgerplatte mit Armierungsschicht beschichten • mineralischen Putz aufbringen Dämmstoff : EPS Putz : Edelputz Putzträgerplatte : 10 mm Angeb. Fabrikat :			

4/9 Estricharbeiten

Untergrundvorbereitung	E	h	Preis
Haftbrücke, Estrich	m^2	0,04	3,01

Haftbrücke auf gereinigten, vorbereiteten Untergrund.

Estrich	:	Zementestrich
Untergrund	:	Beton
Angeb. Fabrikat	:	.....

Nivellierestrich, 10-20 mm	m^2	0,20	24,19

Nivellier-Verbundestrich als selbstverlaufender Spezialzementestrich auf gereinigte Oberfläche.

Untergrund	:	Beton
Estrichdicke	:	10 - 20 mm
Angeb. Fabrikat	:	.....

Estriche erneuern	E	h	Preis
Verbundestrich erneuern, C 25, 45 mm	m^2	0,42	30,47

Verbund-Zementestrich wie folgt erneuern:
- alten Estrich entfernen
- Rohbodenoberfläche reinigen
- neuen Estrichaufbau einbringen
- Bauschutt entsorgen

Dicke Altestrich	:	ca. 45 mm
Neuer Estrich-Aufbau		
Estrich	:	CT-C25-F5-V45
Druckfestigkeit	:	C 25
Estrichdicke	:	45 mm
Biegezugfestigkeit	:	F 5
Verschleißwiderstand	:	.....
Oberfläche	:	Nutzoberfläche, geglättet

Zementestrich u. Abdicht.,erneuern, 70mm	m^2	0,50	36,92

Zementestrich auf Trennlage wie folgt erneuern:
- alten Estrich und Abdichtung entfernen
- Rohbodenoberfläche reinigen
- neuen Estrichaufbau einbringen
- Bauschutt entsorgen

Dicke Altestrich	:	ca. 80 mm
Neuer Estrich-Aufbau		
Trennlage/Abdichtung	:	V60 S4 + Al 01
Estrich	:	CT-C20-F4-T70, bewehrt mit Betonstahlmatten
Druckfestigkeit	:	C 20
Estrichdicke	:	70 mm
Biegezugfestigkeit	:	F 4
Maschenweite	:	150/150 mm
Oberfläche	:	für Plattenbeläge geeignet

Estrich erneuern, Schnellestr.+Trennlage	m^2	0,60	53,45

Zementestrich abbrechen und mit Schnellestrich auf Trennlage wie folgt erneuern:
- alten Estrich mit evtl. Abdichtung entfernen
- Rohbodenoberfläche reinigen
- neuen Estrichaufbau einbringen
- Bauschutt entsorgen

Dicke Altestrich	:	ca. 70 mm
Neuer Estrich-Aufbau		
Estrich	:	CT-C30-F6-T65
Estrichdicke	:	65 mm
Druckfestigkeit	:	C 30
Biegezugfestigkeit	:	F 6
Belegreife	:	nach 24 Stunden
Trennlage/Abdichtung	:	G 200 S4
Angeb. Fabrikat	:	.....

CA-Estrich erneuern, TSD+WD, 80 mm	m^2	0,65	40,97

Calciumsulfat-Estrich mit Dämmschichten wie folgt erneuern:
- alten Estrich und Dämmschichten entfernen
- Rohbodenoberfläche reinigen
- neuen Estrichaufbau einbringen
- Bauschutt entsorgen

Dicke Altestrich	:	ca. 45 mm
Dicke Dämmschichten	:	ca. 40 mm

Neuer Estrich-Aufbau
- Randstreifen mit abknickbarem Fuß
- 1 Lage Trittschalldämmung MW 20-5 mm, DES-sh
- 1 Lage Wärmedämmung EPS 20 mm, WLG 040, DEO
- 1 Lage PE-Folie 0,2 mm, Überlappungen verklebt
- CA-Fließestrich
- Oberfläche zur Aufnahme von Fußbodenbelägen

Estrichdicke	:	40 mm
Biegezugfestigkeit	:	F 4
Konstruktionshöhe	:	80 mm
Nutzlast	:	2 kN/m^2
Angeb. Fabrikat	:	.....

Zement-Estrich erneuern, TSD, 65 mm	m^2	0,60	38,58

Zementestrich mit Dämmschichten wie folgt erneuern:
- alten Estrich und Dämmschichten entfernen
- Rohbodenoberfläche reinigen
- neuen Estrichaufbau einbringen
- Bauschutt entsorgen

Dicke Altestrich : ca. 50 mm
Dicke Dämmschichten : ca. 20 mm
Neuer Estrich-Aufbau
- Randstreifen aus Dämmstoff mit abknickbarem Fuß
- 1 Lage Trittschalldämmung MW 20-5 mm, WLG 040, DES-sh
- 1 Lage PE-Folie 0,2 mm
- Zementestrich
- Oberfläche zur Aufnahme von Fußbodenbelägen

Estrichdicke : 45 mm
Biegezugfestigkeit : F 4
Konstruktionshöhe : 65 mm
Nutzlast : 2 kN/m^2
Angeb. Fabrikat : .....

Industrieestriche erneuern/sanieren	**E**	**h**	**Preis**
Estrich erneuern, Haftstoffestrich, 30mm	m^2	0,60	50,64

Estrich in beanspruchten Bereichen abbrechen und mit zweischichtigem Hartstoffestrich erneuern wie folgt:

- alten Estrich entfernen
- Rohbodenoberfläche reinigen
- neuen Estrichaufbau einbringen
- Bauschutt entsorgen

Art des Altestrichs	:	....
Dicke Altestrich	:	ca. 40 mm
Neuer Estrich-Aufbau		
Estrich	:	CT-C65-F9-A6-A-V10/30
Druckfestigkeit	:	C 65
Dicke	:	30 mm
Biegezugfestigkeit	:	F 9
Hartstoffgruppe	:	A
Verschleißwiderstand	:	A 6 (cm^3/50 cm^2)
Übergangsschicht	:	CT-C 35
Beanspruchungsgruppe	:	II, mittel
Sonstige Beanspruchungen (chemisch, thermisch)	:	.....
Untergrund	:	Beton
Oberfläche	:	maschinell geglättet
Angeb. Fabrikat	:	.....

Estrich erneuern, Verb.estrich C40, 40mm	m^2	0,55	39,62

Zement-Verbundestrich in beanspruchten Bereichen abbrechen und mit hartstoffvergütetem Verbundestrich erneuern wie folgt:

- alten Estrich entfernen
- Rohbodenoberfläche reinigen
- neuen Estrichaufbau einbringen
- Bauschutt entsorgen

Art des Altestrichs	:	....
Dicke Altestrich	:	ca. 40 mm
Neuer Estrich-Aufbau		
Estrich	:	CT-C40-F9-A6-A-V40
Estrichdicke	:	40 mm
Einstreuschicht	:	4 mm
Biegezugfestigkeit	:	F 9
Hartstoffgruppe	:	A
Verschleißwiderstand	:	A 6 ($cm^3/50\ cm^2$)
Beanspruchungsgruppe	:	II, mittel
Oberfläche	:	maschinell geglättet
Angeb. Fabrikat	:	.....

Estrich erneuern, KH-Estrich, 15 mm	m^2	0,40	98,59

Verbundestrich in beanspruchten Bereichen abbrechen, mit Kunstharzestrich erneuern:

- alten Estrich entfernen
- Rohbodenoberfläche reinigen
- neuen Estrichaufbau einbringen
- Bauschutt entsorgen

Art des Altestrichs	:	....
Dicke Altestrich	:	ca. 25 mm

Neuer Estrich-Aufbau

Kunstharzestrich (SR) mit Bindemittel aus Polymethylmethacrylat und Zuschlagstoff Quarzsand, elektrisch ableitfähig und ausreichend isolierend.

Estrich	:	SR-C40-F20-B1,5-AR1-V15
Kunstharz	:	PMMA
Estrichdicke	:	15 mm
Druckfestigkeit	:	C 40
Biegezugfestigkeit	:	F 20
Haftzugfestigkeit	:	B 1,5
Verschleißwiderstand	:	AR 1 / RWA 10
Rutschhemmung	:	bis R12
Beanspruchungsklasse	:	III, leicht
Besondere Beanspruchungen	:	.....
Farbe	:	.....
Angeb. Fabrikat	:	.....

Estrich erneuern, Magnesia-Estrich, 25mm	m^2	0,30	37,12

Magnesia-Verbundestrich in beanspruchten Bereichen abbrechen und wie folgt erneuern:

- alten Estrich entfernen
- Rohbodenoberfläche reinigen
- neuen Estrichaufbau einbringen
- Bauschutt entsorgen

Dicke Altestrich : ca. 30 mm
Neuer Estrich-Aufbau
Magnesia-Verbundestrich (MA), hochbeanspruchbar, mit Haftbrücke.
Estrichdicke : 25 mm
Rohdichteklasse : 2,0
Druckfestigkeit : C 50
Biegezugfestigkeit : F 10
Beanspruchungsgruppe : II, mittel
Oberflächenhärte : SH 150 (150 N/mm^2)
Farbe : industriegrau
Angeb. Fabrikat : .....

Estriche auf Massivdecken

Estriche auf Massivdecken	E	h	Preis
Verbundestrich, Kleinflächen, erneuern	m^2	0,60	40,76

Verbund-Zementestrich in Kleinflächen wie folgt erneuern:

- alten Estrich in Kleinflächen entfernen, Fläche reinigen
- neuen Estrichaufbau einbringen
- Bauschutt entsorgen

Estrich : Zementestrich C30
Dicke : 30 mm
Oberfläche : Nutzoberfläche, geglättet

Fehlstellen Estrich ergänzen,TSD+Estrich	m^2	1,40	83,72

Fehlstellen in Altestrichaufbau im Bereich von abgebrochenen Wänden ergänzen, einschl. Trennschicht und Trittschalldämmung. Das Entfernen des beschädigten Estrichaufbaus entlang der Wände und die Beschneidung der Kanten sind Teil der Leistung.
Estrichunterbau : PE 0,2 mm, TSD 20 mm
Estrich : Zementestrich CT 20, 50 mm

Instandsetzungsestrich, Kunstharzmörtel	m^2	0,65	71,86

Instandsetzungestrich aus Kunstharzmörtel, wie folgt:

- Ausgleich von Unebenheiten in Betondecke mit Kunstharzmörtel, vollflächig
- Kratzspachtelung
- Grundierung als Haftbrücke
- Aufbringen des bauseits gelieferten Fußbodenheizungs-Renovierungssystems, 10 mm Aufbauhöhe
- Nivellierestrich auf Fußbodenheizung, geeignet für Aufbringen eines Belags

Höhe Ausgleichschicht : i.M. 40 mm
Kratzspachtelung : 3-5 mm
Nivellierestrichhöhe : 20 mm
Angeb. Fabrikat : .....

Estrich-Sanierung

	E	h	Preis
Estrich, Hohlstellen markieren	m^2	0,04	2,18

Estrichfläche durch Abklopfen auf Hohlstellen untersuchen und an den Grenzflächen markieren.

Entlüftungsbohrung, 8 mm, Estrich	m^2	0,06	4,47

Entlüftungsbohrungen in Estrich herstellen, in ausreichender Menge, an der Umfassung der Hohlflächen.
Vorher markierte Flächen gegen Injektions-Austritte durch Absprießen oder Belasten mit Gegendruck absichern, Bohrlöcher anschließend ausblasen und nach dem Verpressvorgang mit Epoxydmörtel oberflächengleich vergießen.
Durchmesser : 8 mm
Tiefe : Estrichdicke + 1 cm

Estrichinjektion, Pressstelle	St	0,48	47,32

Pressstelle für Estrich-Injektionen wie folgt ausführen:
- Bohrung, 13 mm Durchmesser, 8 cm tief, Abstand entsprechend dem Hohlraum
- Bohrloch ausblasen
- Press- und Schraubpacker einbauen
- Zweikomponenten-Epoxidharz bis zur Ausfüllung und Sättigung der Hohlstellen einpressen
- Nach ca. 30 Minuten Wartezeit Pressvorgang wiederholen, danach Presspacker entfernen
- Armierungseisen zur Vernadelung, 8 mm Durchmesser, 70 mm lang, in das Bohrloch einstecken
- evtl. fehlende Harzmenge nachgießen

Angeb. Fabrikat : .....

Fugen	**E**	**h**	**Preis**
Estrichfuge nachträglich	m	0,18	13,00

Estrichfuge, nachträglich, in vorhandenen Estrich wie folgt:
- Entfernen des gesamten Estrichaufbaus im geplanten Fugenbereich
- Reinigung
- Vervollständigen Estrichaufbau und Schließen des Estrichbereichs mit geeignetem Kunstharzmörtel
- Füllen der Fuge mit Dämmstreifen und Dichtmasse

Breite Abbruchbereich	:	ca. 250 mm
Estrichdicke	:	bis 50 mm
Estrichart	:	Zementestrich C30/C40
Dämmung/Trennlage	:	.....

Anschlussfuge erneuern, Estrich	m	0,23	17,05

Erneuerung von Estrich-Anschlussfugen an aufgehende Bauteile, wie folgt:

- Fuge ausräumen und Fugenflanken säubern
- falls erforferlich, Estrich nachschneiden und Metallwinkel entfernen
- Abkleben der Fugenränder
- Hinterfüllen der Fugen mit nicht saugendem Schaumstoffprofil
- Haftbrücke auf Fugenflanken
- Dichtstoff aus Polyurethan-Kunstharz

Estrichart/-dicke	:	.....
Fugenbreite	:	bis 10 mm
Fugenflanken	:	bis 15/15 mm
Farbe Dichtstoff	:	betongrau
Angeb. Fabrikat	:	.....

Gebäude-Bewegungsfuge erneuern, Estrich	m	0,75	66,04

Erneuerung der Gebäude-Bewegungsfuge im Industrie-Estrich wie folgt:

- Nachschneiden des vorhandenen Industrieestrichs im Bereich der vorhandenen Bewegungsfugen
- Entfernen der alten Fugenprofile
- Neues Fugenprofil einbauen, inkl. Befestigungsmittel
- Fertigstellung des Estrichfugen-Bereichs mit Kunstharzmörtel, Oberfläche geeignet für Beschichtung

Untergrund	:	Stahlbetonplatte
Art des Estrichs	:	.....
Estrichdicke	:	ca. 50 mm
Fugenbreite	:	50 mm
Fugenprofil	:	b=193 mm, h=90 mm
Belastbarkeit	:	bis 300 kN (nach DIN 1072)
Angeb. Fabrikat	:	.....

Bewegungsfuge Estrich erneuern	m	1,00	154,96
Erneuerung der Gebäude-Bewegungsfuge in vorhandenem Estrich, wie folgt: • Nachschneiden des vorhandenen Estrichs im Bereich der Fuge und der anschließenden Risse • Entfernen der Altfugen (inkl. evtl. Metallwinkel) • Einbau Fugenprofil aus Aluminium-Trägerprofilen mit Kautschuk-Mitteleinlage, auf Untergrund Stahlbetonplatte • Schließen des Estrichbereichs mit geeignetem Kunstharzmörtel • Oberfläche geeignet für nachfolgende Beschichtung Estrichdicke : bis 50 mm Estrichart : Zementestrich C30/C40 Abbruchbreite : bis 30 cm Beanspruchung : ..... Fabrikat Fugenprofil :			
Randfuge Instandsetzungsestrich	m	0,12	9,77
Randfuge Hohlkehle-Wand mit elasto-plastischer Fugenmasse und Hinterfüllprofil, im Zuge einer Balkon/Terrassen-Instandsetzung. Fugendicke : ..... Angeb. Fabrikat :			
Fugenabdichtung, Instandsetzungsestrich	m	0,15	14,24
Fugenabdichtung in Instandsetzungsestrich, geglättet, mit einkomponentiger, luftfeuchtigkeitserhärtender Fugenmasse auf Polymer-Basis. Fugengröße b/d : 15/10 mm Angeb. Fabrikat :			

4/10 Parkett- und Holzpflaster-arbeiten

Vorbereitende Arbeiten	E	h	Preis
Estrich abschleifen	m^2	0,12	8,11
Estrich wegen Unebenheiten, Kleberresten oder anderen Rückständen vollflächig abschleifen; Schutt entsorgen.			
Estrich spachteln, vollfläch.,f.Parkett	m^2	0,12	7,59
Zementestrichboden zur Aufnahme des Parkettbelages vollflächig spachteln; evtl. vorhandene Unebenheiten mit Spachtelmasse ausgleichen. Schichtdicke : 1 - 5 mm Material : lösungsmittelfreie kunstharz-vergütete Zementspachtelmasse			
Nivellier-Estrich als Bodenausgleich	m^2	0,18	14,56
Nivellier-Estrich als Bodenausgleich, für die Aufnahme von Parkettbelag. Schichtdicke : i.M. 8 mm Material : lösungsmittelfreie, kunstharzvergütete Zementspachtelmasse Untergrund :			

Untergründe	E	h	Preis
Anhydrit-Estrich, Untergrund,anschleifen	m^2	0,05	3,20
Untergrund aus Anhydrit-Estrich anschleifen, absaugen und grundieren. Angeb. Fabrikat :			
Parkett-Untergrund, Voranstrich	m^2	0,04	2,83
Voranstrich, vollflächig, auf vorhandenen Estrich. Untergrund :			

Spachteln, vollfl.,Zementspachtel,1-5 mm	m^2	0,07	8,30

Spachteln der Estrichfläche, vollflächig, mit lösungsmittelfreier, kunstharzvergüteter Zementspachtelmasse.

Spachteldicke	:	1 - 5 mm
Untergrund	:	.....
Angeb. Fabrikat	:	.....

Trennlage, Schaumstoff,verrottungsf.,3mm	m^2	0,04	4,71

Trennlage aus verrottungsfestem Schaumstoff, für schwimmend verlegten Parkettboden, vollflächig.

Dicke	:	3 mm

Holzweichfaserplattenstreifen, Lagerholz	m	0,04	2,14

Holzweichfaserplattenstreifen unter Lagerhölzer.

Breite	:	10 cm
Dicke	:	20 mm

Sparschalung, 24 mm, für Bodenbelag	m^2	0,11	15,43

Sparschalung aus ungehobelten, besäumten Brettern, als Auflager für Langstabparkett oder Dielen.

Holzart	:	Fichte/Kiefer/Tanne
Sortierklasse	:	S10
Holzfeuchte	:	trocken (20%)
Brettdicke	:	24 mm
Brettbreite	:	150 mm
Brettabstand	:	200 mm

Parkett-Unterboden, Spanplatte, 32 mm	m^2	0,46	27,72

Unterboden aus Spanplatten, E 1, für die Aufnahme von Parkettbelag, mit versetzten Stößen, mit Nut und Feder verleimen.

Plattenart	:	Spanplatte V 100, 2-lagig, N+F
Bindemittel	:	kunstharzgebunden
Plattendicke gesamt	:	32 mm
Verschraubung	:	korrosionsgeschützt

Perlite-Schüttung zw. Lagerholz, 25 mm	m²	0,15	9,84

Perlite-Granulat-Schüttung zwischen Lagerholz; Oberkante der Balken bündig abziehen.

Körnung	:	.....
Rohdichte	:	.....
Schüttdicke	:	25 mm
Angeb. Fabrikat	:	.....

Parkett neu

	E	h	Preis
Stabparkett, Nut+Feder, EI,45/7/2,5,ern.	m²	0,80	86,21

Stabparkett mit Nut und Feder, Stäbe mit 45° auf vorhandenen Blindboden, dem vorhandenen Verband entsprechend, verlegen und verdeckt nageln (Kleinflächen).
Die erneuerten Parkettstäbe sind in der Holzart, der Holzmaserung und der Farbe dem vorhandenen Belag anzupassen.

Material	:	Eiche
Länge der Stäbe	:	45 cm
Breite der Stäbe	:	7 cm
Dicke der Stäbe	:	2,5 cm

Tafelparkett,quadr,N+F,EI,50/50/2,5,ern.	m²	1,30	125,84

Tafelparkett, quadratische Form, umlaufend gefalzt, auf vorhandenem Blindboden verlegt, vorsichtig ausbauen und entsorgen. Neues Tafelparkett im gleichen Muster herstellen, dem vorhandenen Verband entsprechend verlegen und verdeckt nageln.
Die erneuerten Parketttafeln sind in der Holzart, der Holzmaserung und der Farbe dem vorhandenen Belag anzupassen.

Material	:	Eiche, massiv, Nut und Feder
Länge der Tafel	:	50 cm
Breite der Tafel	:	50 cm
Dicke der Tafel	:	2,5 cm

Massivholztafel erneuern, d=22 mm	m²	1,10	220,48
Massivholztafel nach Muster oder Zeichnung herstellen, Einzelelemente durch Nut/Federverbindung und Verleimung miteinander verbinden. Dicke : 22 mm Holzart :			

Parkett sanieren | **E** | **h** | **Preis**

Holzschutz, chemisch, Instands.,Parkett	m²	0,12	9,88
Holzschutz, chemisch vorbeugend, an vorhandenen und neu eingebauten Holzteilen, inkl. aller Schnitt- und Bearbeitungsflächen der Verbindungs- und Anschlussstellen, mit einem amtlich geprüften und zugelassenen Holzschutzmittel im Streichverfahren. Besonderes Augenmerk ist auf die Auswahl von Holzschutzmitteln, geeignet zur Anwendung in Innenräumen zu legen. Gefährdungsklasse : 2 Prüfprädikat : Iv+P Eindringtiefeklasse : ..... Holzbauteil : ..... Chemische Basis : ..... Angeb. Fabrikat : ..... Prüfzeichen :			
Mosaik-Parkett, Eiche, ausbessern	m²	1,80	106,08
Mosaik-Parkett, Eiche, natur, ausbessern, inkl. Aufnehmen des alten Parketts in kleinen Flächen und Neuverlegen des Parketts. Vorh. Unterboden : ..... Dicke : 8 mm			
Stabparkett, Eiche, ausbessern	m²	2,00	130,00
Stabparkett, Eiche-Standard, ausbessern, inkl. Aufnehmen des alten Parketts in kleinen Flächen, und Neuverlegen des Parketts. Untergrund : schwimmender Zementestrich Verlegemuster : Schiffsboden			

Massivholztafel aufarbeiten, 8 Teile	m^2	8,00	394,16

Massivholztafel unter Verwendung der Originalmaterialien im Nutzungsbereich. Tafel zerlegen, säubern, auftrennen über die Schmalseiten zum Erhalt neuer Nutzschichten. Ausschneiden schadhafter Stellen, seitliches Verleimen mit gewonnenem Unterholz, umlaufende Kantenbearbeitung.
Herstellung einer neuen Trägerkonstruktion als Zwischenlage und Herrichten von Material für den Gegenzug. Einlegen in Lehren, flächenmäßige Verleimung, Beschneiden und Nuten unter Beibehaltung der originalen Oberflächenmaße.
Zusammensetzung Tafel : bis 8 Teile

Parkettdiele,von oben genagelt,verlegen	m^2	0,34	19,65

Parkettdiele oder -tafel, vorhanden, von oben sichtbar genagelt, auf vorhandene Unterkonstruktion fachgerecht nach Zeichnung verlegen.
Holzart : .....
Raum : .....

Dielenboden

	E	h	Preis
Dielenboden entfernen	m^2	0,25	18,61

Dielenboden mit Beschädigungen, auch in Teilflächen, einschl. Bodenleisten, entfernen; Bauschutt entsorgen.
Holzart : .....

Dielenboden, ausbauen, zwischenlagern	m^2	0,55	28,49

Dielenboden für die Dauer der Sanierung ausbauen, entnageln, reinigen, kennzeichnen und außerhalb der Baustelle zum späteren Wiedereinbau zwischenlagern.

Oberflächenbehandlung

	E	h	Preis
Parkettboden schleifen/entstauben	m^2	0,20	16,32

Parkettböden als Vorbehandlung für die Oberflächenbeschichtung schleifen, materialabhängige Abstufung der Schleifkörnung bis Körnung 120. Nach dem Schleifen Oberfläche mit Besen und Staubsauger restlos entstauben; Schutt entsorgen.

Parkettboden wachsen	m²	0,10	10,29
Parkettboden mit Pflanzenhartwachs, mit Einscheibenbohnermaschine und Heißwachsgerät, wachsen. Nach 12 bis 24 Stunden Trockenzeit mit Einscheibenbohnermaschine sorgfältig polieren.			
Dielenboden abschleifen/versiegeln, NH	m²	0,40	25,68
Dielenboden abschleifen, grundieren, mit Versiegelungslack (Naturharzbasis) versiegeln. Benutzungsart des Raumes : ..... Angeb. Fabrikat :			
Parkettoberfläche abschleifen/versiegeln	m²	0,40	29,95
Parkettoberfläche schleifen und mit Versiegelungslack versiegeln. Oberfläche : seidenmatt Angeb. Fabrikat :			
Parkettoberfläche ölen	m²	0,16	18,51
Parkettoberfläche ölen. Material : ..... Raum : ..... Angeb. Fabrikat :			

4/11 Maler- und Lackierarbeiten

Untergrundvorbereitung	E	h	Preis
Fassade, Strahlen mit Strahlmittel	m²	0,25	16,53
Fassadenreinigung durch Strahlen mit festem Strahlmittel unter Zugabe von Wasser zur Entfernung alter Beschichtungen und haftungsmindernder Bestandteile. Die Reinigung der Fassade und Entsorgung des Abrieb- und Strahlmaterials einkalkulieren. Die Deponiegebühren von Sonderabfall werden gegen Nachweis vergütet. Untergrund :			
Fassadenreinigung, Dampfstrahlen, temp.	m²	0,08	4,88
Fassade durch temperiertes Dampfstrahlen reinigen. Die Reinigung der Fassade und Entsorgung des Abrieb- und Strahlmaterials einkalkulieren. Die Deponiegebühren von Sonderabfall werden gegen Nachweis vergütet. Untergrund :			

Außenflächen, mineralisch	E	h	Preis
Überholungs-Beschicht., Putz,Disp.biozid	m²	0,26	16,01
Überholungs-Beschichtung im Außenbereich, deckend, mit biozider Dispersionsbeschichtung, einschl. Gundierung. Bauteil : ..... Untergrund : Putz, ... Glanzgrad : matt Deckvermögen : Klasse 1 Farbe : weiß Angeb. Fabrikat :			

Überholungs-Beschichtung, Putz, Silikat	m^2	0,24	15,39
Überholungs-Beschichtung im Außenbereich, deckend, mit Silikatfarben einschl. Grundierung. Bauteil : ..... Untergrund : Putz, ... Glanzgrad : matt Deckvermögen : Klasse 1 Farbe : weiß Angeb. Fabrikat :			
Überholungs-Beschicht.,Putz, Polym.harz	m^2	0,29	17,62
Überholungs-Beschichtung im Außenbereich, deckend, mit Beschichtung auf Basis von Polymerisatharz, einschl. Gundierung. Bauteil : ..... Untergrund : Putz, ... Glanzgrad : matt Deckvermögen : Klasse 1 Farbe : weiß Angeb. Fabrikat :			
Überholungs-Beschichtung, PB, Disp.Acryl	m^2	0,28	16,53
Überholungs-Beschichtung im Außenbereich, deckend, mit füllender Dispersionsbeschichtung auf Basis von Acryl-Kunstharz, einschl. Gundierung. Bauteil : ..... Untergrund : Porenbeton Glanzgrad : matt Deckvermögen : Klasse 1 Farbe : weiß Angeb. Fabrikat :			

Überholungs-Beschichtung,PB,Disp.Silikat	m²	0,28	16,74

Überholungs-Beschichtung im Außenbereich, deckend, mit füllender Dispersions-silikatbeschichtung, einschl. Gundierung.

Bauteil	:	.....
Untergrund	:	Porenbeton
Glanzgrad	:	matt
Deckvermögen	:	Klasse 1
Farbe	:	weiß
Angeb. Fabrikat	:	.....

Außenflächen, Holzbauteile	**E**	**h**	**Preis**
Überholungs-Lasur, Holz, außen, Disp.	m²	0,30	16,43

Überholungs-Beschichtung als Lasur auf gehobelten Holzflächen im Außenbereich, mit Kunststoff-Dispersion, einschl. Grundierung.

Bauteil	:	.....
Glanzgrad	:	.....
Farbeffekt	:	.....
Angeb. Fabrikat	:	.....

Ü-Beschichtung, Holz, außen, Dispersion	m²	0,30	16,58

Überholungs-Beschichtung auf Holzflächen im Außenbereich, deckend, mit Kunststoff-Dispersion, mit zusätzlicher Zwischenbeschichtung, einschl. Grundierung.

Glanzgrad	:	.....
Deckvermögen	:	Klasse 1
Farbe	:	.....
Oberfläche	:	.....
Angeb. Fabrikat	:	.....

Ü-Beschichtung, Holz, außen, Lasur	m²	0,33	22,25
Überholungs-Beschichtung als Dickschichtlasur auf Holzflächen im Außenbereich, mit Kunstharz, einschl. Grundierung. Bauteil : ..... Glanzgrad : ..... Farbeffekt : ..... Beschichtungsstoff : ..... Angeb. Fabrikat :			
Ü-Beschichtung, Holz, außen, KH	**m²**	**0,35**	**20,48**
Überholungs-Beschichtung auf Holzflächen im Außenbereich, deckend, mit Kunstharz, einschl. Grundierung. Bauteil : ..... Glanzgrad : ..... Beschichtungsstoff : ..... Deckvermögen : Klasse 1 Farbe/Oberfläche : ..... Angeb. Fabrikat :			

Außenflächen, Metall	**E**	**h**	**Preis**
Ü-Beschichtung, Metall, außen, KH	m²	0,35	22,98
Überholungsbeschichtung auf Metallflächen im Außenbereich, deckend, mit Kunstharz, einschl. Grundierung. Bauteil : ..... Werkstoff : ..... Glanzgrad : ..... Beschichtungsstoff : ..... Deckvermögen : Klasse 1 Farbe/Oberfläche : ..... Angeb. Fabrikat :			

Ü-Beschichtung, Metall, außen, Alu/Cu	m^2	0,40	25,68

Überholungsbeschichtung auf Metallflächen im Außenbereich, deckend, mit Acryltharzlack, einschl. Vorbereitung des Untergrundes mit Schleifvlies sowie Grundierung.

Bauteil	:	.....
Werkstoff	:	Aluminium/Kupfer
Glanzgrad	:	.....
Beschichtungsstoff	:	.....
Deckvermögen	:	Klasse 1
Farbe/Oberfläche	:	.....
Angeb. Fabrikat	:	.....

Innenflächen, mineralisch

	E	h	Preis
Überholungs-Beschichtung, Putz, Disp.	m^2	0,20	11,12

Überholungs-Beschichtung im Innenbereich, deckend, mit füllender Dispersionsbeschichtung, einschl. Gundierung.

Bauteil	:	.....
Untergrund	:	Putz, ...
Glanzgrad	:	matt
Deckvermögen	:	Klasse 1
Farbe	:	weiß
Angeb. Fabrikat	:	.....

Überholungs-Beschichtung, Putz, Silikat	m^2	0,18	11,02

Überholungs-Beschichtung im Innenbereich, deckend, mit Silikatfarben, einschl. Grundierung.

Bauteil	:	.....
Untergrund	:	Putz, ...
Glanzgrad	:	matt
Deckvermögen	:	Klasse 1
Farbe	:	weiß
Angeb. Fabrikat	:	.....

Überholungs-Beschichtung, Beton, Disp.	m^2	0,18	10,08

Überholungs-Beschichtung im Innenbereich, deckend, mit füllender Dispersionsbeschichtung, einschl. Grundierung.

Bauteil	:	.....
Untergrund	:	Beton
Glanzgrad	:	matt
Deckvermögen	:	Klasse 1
Farbe	:	weiß
Angeb. Fabrikat	:	.....

Überholungs-Beschichtung, PB, Disp.	m^2	0,22	12,16

Überholungsbeschichtung im Innenbereich, deckend, mit füllender Dispersionsbeschichtung, einschl. Grundierung.

Bauteil	:	.....
Untergrund	:	Porenbeton
Glanzgrad	:	matt
Deckvermögen	:	Klasse 1
Farbe	:	weiß
Angeb. Fabrikat	:	.....

Innenflächen, Holz	**E**	**h**	**Preis**
Überholungs-Lasur, Holz, innen, Disp.	m^2	0,18	10,81

Überholungs-Beschichtung als Lasur auf gehobelten Holzflächen im Innenbereich mit Kunststoff-Dispersion, einschl. Grundierung.

Bauteil	:	.....
Glanzgrad	:	.....
Farbeffekt	:	.....
Angeb. Fabrikat	:	.....

Überholungs-Beschicht.,Holz, innen,Disp.	m²	0,26	14,50
Überholungs-Beschichtung auf Holzflächen im Innenbereich, deckend, mit Kunststoff-Dispersion, mit zusätzlicher Zwischenbeschichtung, einschl. Grundierung. Glanzgrad : ..... Deckvermögen : Klasse 1 Farbe : ..... Oberfläche : ..... Angeb. Fabrikat :			
Überholungs-Beschicht.,Holz, innen,Lasur	m²	0,22	14,04
Überholungs-Beschichtung als Dickschichtlasur auf Holzflächen im Innenbereich, mit Kunstharz einschl. Grundierung. Bauteil : ..... Glanzgrad : ..... Farbeffekt : ..... Beschichtungsstoff : ..... Angeb. Fabrikat :			
Überholungs-Beschicht., Holz, innen,KH	m²	0,25	16,84
Überholungs-Beschichtung auf Holzflächen im Innenbereich, deckend, mit Kunstharz. einschl. Grundierung. Bauteil : ..... Glanzgrad : ..... Beschichtungsstoff : ..... Deckvermögen : Klasse 1 Farbe/Oberfläche : ..... Angeb. Fabrikat :			

Innenflächen, Metall

Innenflächen, Metall	E	h	Preis
Ü-Beschichtung, Stahl, innen, KH	m²	0,34	20,17

Überholungsbeschichtung auf vollflächige Stahlkonstruktionen im Innenbereich, deckend, mit Kunstharz, einschl. anschleifen.
Bauteil : .....
Beschichtungsstoff : .....
Glanzgrad : glänzend
Farbe : weiß
Angeb. Fabrikat : ....

	E	h	Preis
Ü-Beschichtung, pulverb.Metall, innen	m²	0,34	21,11

Überholungsbeschichtung auf vollflächige, pulverbeschichtete Metallkonstruktionen im Innenbereich, deckend, mit Kunstharz, einschl. anschleifen.
Bauteil : .....
Beschichtungsstoff : .....
Glanzgrad : glänzend
Farbe : weiß
Angeb. Fabrikat : .....

Rissesanierung

Rissesanierung	E	h	Preis
Beschichtung organisch, rissüberbrück.F1	m²	0,32	22,56

Rissüberbrückende Beschichtung als org. Beschichtungssystem auf Außenputz aus
- Grundierung
- Zwischenbeschichtung
- Schlussbeschichtung

nach Instandsetzungskonzept WTA-MB 2-4-94/D F1 instandsetzen.
Putz : .....
Oberfläche : .....
Beschichtungsstoff : .....
Angeb. System : .....

Beschichtung organ.,rissüberbrück+Gew.F1	m^2	0,45	29,95
Rissüberbrückende Beschichtung als organisches Beschichtungssystem mit eingebettetem Gewebe auf Außenwänden mit Putz, bestehend aus • Grundierung • Zwischenbeschichtung mit Gewebeeinbettung • Schlussbeschichtung nach Instandsetzungskonzept WTA-MB 2-4-94/D F1 instand setzen. Putz : ..... Oberfläche : ..... Beschichtungsstoff : ..... Gewebe : ..... Angeb. System :			
Riss vorbereiten, Beschicht.füllend, F2a	m	0,12	5,82
Riss für füllendes Beschichtungssystem nach Instandsetzungskonzept WTA-MB 2-4-94/D F2 auf Außenwänden mit Putz, mit Grundierung der Rissflanken, mit wasserabweisendem Grundieranstrich vorbereiten. Putz :			
Beschichtung, füllend, F2b	m^2	0,35	25,68
Rissfüllendes Beschichtungssystem auf Außenwänden mit Putz, bestehend aus • Grundierung • Zwischenbeschichtung • Schlussbeschichtung nach Instandsetzungskonzept WTA-MB 2-4-94/D F2 instand setzen. Putz : ..... Oberfläche : ..... Beschichtungsstoff : ..... Angeb. System :			

Oberputz, mineralisch, modifiziert, F3	m^2	0,35	24,33
Mineralischer Oberputz mit Kunststoffzusätzen auf Außenputz, bestehend aus: • Grundierung • mineralischer Oberputz nach Instandsetzungskonzept WTA-MB 2-4-94/D F3 instand setzen. Putz : ..... Oberfläche : ..... Oberputz : ..... Angeb. System :			
Oberputz, mineralisch, modif.+Gewebe,F4	m^2	0,40	29,64
Mineralischer Oberputz mit mineralisch gewebearmierter Spachtelung auf Außenwänden mit Putz, bestehend aus: • Grundierung • mineralischer Spachtelung mit Gewebeeinbettung • mineralischer Oberputz nach Instandsetzungskonzept WTA-MB 2-4-94/D F4 instand setzen. Putz : ..... Oberfläche : ..... Beschichtungsstoff : ..... Gewebe : ..... Angeb. System :			

4/12 Heizungs-, Gas- und Sanitärarbeiten

Kesselanlagen, Öl	E	h	Preis
Heizkessel,Öl,Stahl,ausbauen,0-30 kW	St	2,46	111,00
Heizkessel für Öl aus Stahl nach dem Entleeren der Anlage ausbauen, eingebundene Leitungen verschließen, auf der Baustelle zwischenlagern und entsorgen. Nenn-Wärmeleistung : 0 - 30 kW			
Heizkessel,Öl,Stahl,ausbauen,31-50 kW	St	4,35	209,00
wie beschrieben. Nenn-Wärmeleistung : 31 - 50 kW			
Heizkessel,Öl,Guss,ausbauen,0-30 kW	St	2,90	127,00
Heizkessel für Öl aus Guss nach dem Entleeren der Anlage ausbauen, eingebundene Leitungen verschließen, auf der Baustelle zwischenlagern und entsorgen. Nenn-Wärmeleistung : 0 - 30 kW			
Heizkessel,Öl,Guss,ausbauen,31- 50 kW	St	4,78	226,60
wie beschrieben. Nenn-Wärmeleistung : 31 - 50 kW			

Kesselanlagen, Gas	E	h	Preis
Heizkessel,Gas,Stahl,ausbauen,0-30 kW	St	2,46	119,88
Heizkessel für Gas aus Stahl nach dem Entleeren der Anlage ausbauen, eingebundene Leitungen verschließen, auf der Baustelle zwischenlagern und entsorgen. Nenn-Wärmeleistung : 0 - 30 kW			

Heizkessel,Gas,Stahl,ausbauen,31-50 kW	St	4,35	204,12
wie beschrieben. Nenn-Wärmeleistung : 31 - 50 kW			
Heizkessel,Gas,Guss,ausbauen,0-30 kW	St	2,90	137,16
Heizkessel für Gas, aus Guss nach dem Entleeren der Anlage ausbauen, eingebundene Leitungen verschließen, auf der Baustelle zwischenlagern und entsorgen. Nenn-Wärmeleistung : 0 - 30 kW			
Heizkessel,Gas,Guss,ausbauen,31- 50 kW	St	4,78	222,48
wie beschrieben. Nenn-Wärmeleistung : 31 - 50 kW			

Kesselanlagen, feste Brennstoffe	**E**	**h**	**Preis**
Heizkessel,Feststoff,St.ausb.,0-30 kW	St	2,90	137,16
Heizkessel für feste Brennstoffe aus Stahl nach dem Entleeren der Anlage ausbauen, eingebundene Leitungen verschließen, auf der Baustelle zwischenlagern und entsorgen. Nenn-Wärmeleistung : 0 - 30 kW			
Heizkessel,Feststoff,St.ausb.,31-50 kW	St	5,08	239,76
wie beschrieben. Nenn-Wärmeleistung : 31 - 50 kW			

Kesselanlagen, Brennwerttechnik, Öl/Gas	**E**	**h**	**Preis**
Brennwertkessel,Gas,St,ausb.,0-30 kW	St	1,74	85,68
Brennwertkessel für Gas aus Stahl nach dem Entleeren der Anlage ausbauen, eingebundene Leitungen verschließen, auf der Baustelle zwischenlagern und entsorgen. Nenn-Wärmeleistung : 0 - 30 kW			

Brennwertkessel,Gas,St,ausb.,31-50 kW	St	2,90	137,16
wie beschrieben. Nenn-Wärmeleistung : 31 - 50 kW			

Brenner, Öl/Gas	E	h	Preis
Brenner, Öl, ausbauen, 0-100 kW	St	0,72	34,76
Brenner für Öl ausbauen, eingebundene Leitungen verschließen, auf der Baustelle zwischenlagern und entsorgen. Nenn-Wärmeleistung : 0 - 100 kW			
Brenner, Öl, ausbauen, 101-250 kW	St	1,01	48,62
wie beschrieben. Nenn-Wärmeleistung : 101 - 250 kW			

Schalldämmung, Kesselanlagen Öl/Gas	E	h	Preis
Kesselunterlage ausbauen	St	1,09	50,27
Kesselunterlage für Heizkessel ausbauen, auf der Baustelle zwischenlagern, entsorgen.			
Kesselpodest ausbauen	St	1,74	83,79
Kesselpodest für Heizkessel ausbauen, auf der Baustelle zwischenlagern, entsorgen.			

Speicher, Kesselanlagen Öl/Gas	E	h	Preis
Speicher wandhängend,ausbauen	St	1,16	55,66
Speicher wandhängend, ausbauen durch Entleeren des Speichers, eingebundene Leitungen verschließen, auf der Baustelle zwischenlagern und entsorgen.			

Speicher untergestellt,ausbauen,0-100 l	St	2,17	100,43
Speicher untergestellt, ausbauen durch Entleeren des Speichers, eingebundene Leitungen verschließen, auf der Baustelle zwischenlagern und entsorgen. Inhalt : 0 - 100 Liter			

Flachheizkörper	**E**	**h**	**Preis**
Flachheizkörper ausbauen, bis 50 kg	St	0,72	35,03
Flachheizkörper nach dem Entleeren der Anlage ausbauen, eingebundene Leitungen verschließen, auf der Baustelle zwischenlagern und entsorgen. Größe : bis 50 kg			
Flachheizkörper ausbauen, 50 -100 kg	St	1,09	52,54
wie beschrieben. Größe : 50 - 100 kg			

Flachheizkörper, Zubehör	**E**	**h**	**Preis**
Stopfen ausbauen	St	0,09	4,29
Stopfen nach dem Entleeren der Anlage ausbauen, eingebundene Leitungen verschließen, auf der Baustelle zwischenlagern und entsorgen.			
Entlüftungs- und Entleerventil ausbauen	St	0,07	3,50
Entlüftungs- und Entleerventil nach dem Entleeren der Anlage ausbauen, eingebundene Leitungen verschließen, auf der Baustelle zwischenlagern und entsorgen.			

Radiatoren	**E**	**h**	**Preis**
Röhrenradiator ausbauen, bis 50 kg	St	0,80	38,53
Röhrenradiator nach dem Entleeren der Anlage ausbauen, eingebundene Leitungen verschließen, auf der Baustelle zwischenlagern und entsorgen. Größe : bis 50 kg			

Röhrenradiator ausbauen, 50 - 100 kg	St	1,16	55,93
wie beschrieben. Größe : 50 - 100 kg			

Konvektoren

	E	h	Preis
Konvektor ausbauen, bis 50 kg	St	0,72	35,03
Konvektor nach dem Entleeren der Anlage ausbauen, eingebundene Leitungen verschließen, auf der Baustelle zwischenlagern und entsorgen. Größe : bis 50 kg			
Konvektor ausbauen, 50 - 100 kg	St	1,09	52,54
wie beschrieben. Größe : 50 - 100 kg			

Badheizkörper

	E	h	Preis
Badheizkörper ausbauen, bis 50 kg	St	0,80	38,53
Badheizkörper nach dem Entleeren der Anlage ausbauen, eingebundene Leitungen verschließen, auf der Baustelle zwischenlagern und entsorgen. Größe : bis 50 kg			
Badheizkörper ausbauen, 50 -100 kg	St	1,16	55,93
wie beschrieben. Größe : 50 - 100 kg			

Heizflächen, Ventile und Verschraubungen

	E	h	Preis
Thermostatkopf ausbauen	St	0,04	2,14
Thermostatkopf ausbauen, auf der Baustelle zwischenlagern und entsorgen.			

Thermostatventil ausbauen	St	0,12	5,53
Thermostatventil nach dem Entleeren der Anlage ausbauen, eingebundene Leitungen verschließen, auf der Baustelle zwischenlagern und entsorgen.			

Rohrleitungen	**E**	**h**	**Preis**
Gewinderohr, ausbauen, DN 15-25	m	0,22	10,50
Gewinderohr nach dem Entleeren der Anlage ausbauen, eingebundene Leitungen verschließen, auf der Baustelle zwischenlagern und entsorgen. Durchmesser : DN 15 - 25			
Gewinderohr, ausbauen, DN 32-50	m	0,33	15,93
wie beschrieben. Durchmesser : DN 32 - 50			
Kupferrohr, ausbauen, 12-15 mm	m	0,17	9,94
Kupferrohr nach dem Entleeren der Anlage ausbauen, eingebundene Leitungen verschließen, auf der Baustelle zwischenlagern und entsorgen. Durchmesser : 12 - 15 mm			
Kupferrohr, ausbauen, 18-22 mm	m	0,26	12,76
wie beschrieben. Durchmesser : 18 - 22 mm			

Verteiler	**E**	**h**	**Preis**
Verteiler ausbauen, bis 6 Heizkreise	St	0,95	47,23
Verteiler nach dem Entleeren der Anlage ausbauen, eingebundene Leitungen verschließen, auf der Baustelle zwischenlagern und entsorgen. Größe : bis 6 Heizkreise			
Verteiler ausbauen, 6-12 Heizkreise	St	1,45	69,94
wie beschrieben. Größe : 6 - 12 Heizkreise			

Ventile	E	h	Preis
Strangabsperrventil ausbauen, DN 10-25	St	0,25	11,97
Strangabsperrventil nach dem Entleeren der Anlage ausbauen, eingebundene Leitungen verschließen, auf der Baustelle zwischenlagern und entsorgen. Durchmesser : DN 10 - 25			
Strangabsperrventil ausbauen, DN 32-50	St	0,36	17,51
wie beschrieben. Durchmesser : DN 32 - 50			
Absperrventil ausbauen, DN 10-25	St	0,36	17,51
Absperrventil nach dem Entleeren der Anlage ausbauen, eingebundene Leitungen verschließen, auf der Baustelle zwischenlagern und entsorgen. Durchmesser : DN 10 - 25			
Absperrventil ausbauen, DN 32-50	St	0,44	21,01
wie beschrieben. Durchmesser : DN 32 - 50			
Rückschlagventil ausbauen, DN 10-25	St	0,36	17,51
Rückschlagventil nach dem Entleeren der Anlage ausbauen, eingebundene Leitungen verschließen, auf der Baustelle zwischenlagern und entsorgen. Durchmesser : DN 10 - 25			
Rückschlagventil ausbauen, DN 32-50	St	0,44	21,01
wie beschrieben. Durchmesser : DN 32 - 50			
Schrägsitzventil ausbauen, DN 10-25	St	0,25	12,09
Schrägsitzventil nach dem Entleeren der Anlage ausbauen, eingebundene Leitungen verschließen, auf der Baustelle zwischenlagern und entsorgen. Durchmesser : DN 10 - 25			

Schrägsitzventil ausbauen, DN 32-50	St	0,36	17,62
wie beschrieben. Durchmesser : DN 32 - 50			

Schieber, Kugelhähne und Klappen	E	h	Preis
Schieber ausbauen, DN 10-25	St	0,36	17,51
Schieber nach dem Entleeren der Anlage ausbauen, eingebundene Leitungen verschließen, auf der Baustelle zwischenlagern und entsorgen. Durchmesser : DN 10 - 25			
Keilflachschieber ausbauen, DN 32-50	St	0,44	21,13
Keilflachschieber nach dem Entleeren der Anlage ausbauen, eingebundene Leitungen verschließen, auf der Baustelle zwischenlagern und entsorgen. Durchmesser : DN 32 - 50			
Kugelhahn ausbauen, DN 10-25	St	0,25	12,09
Kugelhahn nach dem Entleeren der Anlage ausbauen, eingebundene Leitungen verschließen, auf der Baustelle zwischenlagern und entsorgen. Durchmesser : DN 10 - 25			
Füll- und Entleerhahn ausbauen, DN 10-25	St	0,25	12,20
Füll- und Entleerhahn nach dem Entleeren der Anlage ausbauen, eingebundene Leitungen verschließen, auf der Baustelle zwischenlagern und entsorgen. Durchmesser : DN 10 - 25			
Absperrklappe ausbauen, DN 10-25	St	0,29	14,01
Absperrklappe nach dem Entleeren der Anlage ausbauen, eingebundene Leitungen verschließen, auf der Baustelle zwischenlagern und entsorgen. Durchmesser : DN 10 - 25			
Ringdrosselklappe ausbauen, DN 10-25	St	0,29	14,12
Ringdrosselklappe nach dem Entleeren der Anlage ausbauen, eingebundene Leitungen verschließen, auf der Baustelle zwischenlagern und entsorgen. Durchmesser : DN 10 - 25			

Rückschlagklappe ausbauen, DN 10-25	St	0,29	14,01
Rückschlagklappe nach dem Entleeren der Anlage ausbauen, eingebundene Leitungen verschließen, auf der Baustelle zwischenlagern und entsorgen. Durchmesser : DN 10 - 25			

Kompensatoren, Pumpen usw.

	E	h	Preis
Kompensator ausbauen, DN 10-25	St	0,36	17,62
Kompensator nach dem Entleeren der Anlage ausbauen, eingebundene Leitungen verschließen, auf der Baustelle zwischenlagern und entsorgen. Durchmesser : DN 10 - 25			
Umwälzpumpe ausbauen, DN 10-25	St	0,48	23,05
Umwälzpumpe nach dem Entleeren der Anlage ausbauen, eingebundene Leitungen verschließen, auf der Baustelle zwischenlagern und entsorgen. Durchmesser : DN 10 - 25			
Pumpengruppe ausbauen	St	0,97	47,23
Pumpengruppe nach dem Entleeren der Anlage ausbauen, eingebundene Leitungen verschließen, auf der Baustelle zwischenlagern und entsorgen.			
Schmutzfänger ausbauen, DN 10-25	St	0,29	14,01
Schmutzfänger nach dem Entleeren der Anlage ausbauen, eingebundene Leitungen verschließen, auf der Baustelle zwischenlagern und entsorgen. Durchmesser : DN 10 - 25			
Wärmezähler ausbauen, DN 10-25	St	0,38	18,19
Wärmezähler nach dem Entleeren der Anlage ausbauen, eingebundene Leitungen verschließen, auf der Baustelle zwischenlagern und entsorgen. Durchmesser : DN 10 - 25			
Zeigerthermometer ausbauen	St	0,08	3,50
Zeigerthermometer ausbauen, auf der Baustelle zwischenlagern und entsorgen.			

Maschinen-Thermometer ausbauen	St	0,09	4,29

Maschinen-Thermometer ausbauen, auf der Baustelle zwischenlagern und entsorgen.

Ausdehnungs-, und Sicherheitsgefäße	E	h	Preis
Ausdehnungsgefäß, ausbauen, 20-60 l	St	0,57	27,34

Ausdehnungsgefäß nach dem Entleeren der Anlage ausbauen, eingebundene Leitungen verschließen, auf der Baustelle zwischenlagern und entsorgen.
Nutzinhalt : 20 - 60 Liter

Entspannungstopf ausbauen, DN 125-200	St	0,72	35,03

Entspannungstopf nach dem Entleeren der Anlage ausbauen, eingebundene Leitungen verschließen, auf der Baustelle zwischenlagern und entsorgen.
Durchmesser : DN 125 - 200

Entschlammungsbehälter ausb.,bis 60 l	St	0,58	27,91

Entschlammungsbehälter nach dem Entleeren der Anlage ausbauen, eingebundene Leitungen verschließen, auf der Baustelle zwischenlagern und entsorgen.
Nutzinhalt : bis 60 Liter

Schnellkupplung ausbauen	St	0,36	17,40

Schnellkupplung nach dem Entleeren der Anlage ausbauen, eingebundene Leitungen verschließen, auf der Baustelle zwischenlagern und entsorgen.

Kappenventil ausbauen, DN 10-25	St	0,29	13,78

Kappenventil nach dem Entleeren der Anlage ausbauen, eingebundene Leitungen verschließen, auf der Baustelle zwischenlagern und entsorgen.
Durchmesser : DN 10 - 25

Sicherheitsarmaturen	E	h	Preis
Membran-Sicherheitsventil ausb.,DN 10-25	St	0,32	15,25
Membran-Sicherheitsventil nach dem Entleeren der Anlage ausbauen, eingebundene Leitungen verschließen, auf der Baustelle zwischenlagern und entsorgen. Durchmesser : DN 10 - 25			
Luftabscheider ausbauen, DN 10-25	St	0,33	15,82
Luftabscheider nach dem Entleeren der Anlage ausbauen, eingebundene Leitungen verschließen, auf der Baustelle zwischenlagern und entsorgen. Durchmesser : DN 10 - 25			
Thermische Ablaufsicherung ausbauen	St	0,10	4,85
Thermische Ablaufsicherung nach dem Entleeren der Anlage ausbauen, eingebundene Leitungen verschließen, auf der Baustelle zwischenlagern und entsorgen.			

Heizungsregelung	E	h	Preis
Vierwegemischer,Muffe,ausbauen,DN15-25	St	0,62	29,71
Vierwegemischer mit Muffenanschluss nach dem Entleeren der Anlage ausbauen, eingebundene Leitungen verschließen, auf der Baustelle zwischenlagern und entsorgen. Durchmesser : DN 15 - 25			
Dreiwegemischer,Muffe,ausbauen,DN 15-25	St	0,62	29,71
Dreiwegemischer mit Muffenanschluss nach dem Entleeren der Anlage ausbauen eingebundene Leitungen verschließen, auf der Baustelle zwischenlagern und entsorgen. Durchmesser : DN 15 - 25			
Dreiwegeventil ausbauen, DN 10-25	St	0,25	11,86
Dreiwegeventil nach dem Entleeren der Anlage ausbauen, eingebundene Leitungen verschließen, auf der Baustelle zwischenlagern und entsorgen. Durchmesser : DN 10 - 25			

Regelung ausbauen	St	1,09	52,17
Regelung ausbauen, auf der Baustelle zwischenlagern und entsorgen.			

Flüssiggasanlagen und Armaturen	**E**	**h**	**Preis**
Absaugen, Flüssiggas	psch		209,05
Absaugen von Flüssiggas aus Flüssiggasbehälter und Anlage; abgesaugtes Flüssiggas wird dem Kunden gut geschrieben (nicht bei Abrechnung über Gaszähler).			
Lagerbehälter, erdgedeckt, ausbauen	psch		259,90
Freigelegter Lagerbehälter, erdgedeckte Ausführung, aus der Grube ausbauen. Das Freilegen erfolgt durch den AG. Der Abtransport des abgesaugten, vorhandenen Flüssiggasbehälters erfolgt durch einen Spediteur. Vor dem Aufladen wird ein ISO-Test durchgeführt. Sollten Beschädigungen vorhanden sein, werden diese auf Kosten des AG nach Aufwand beseitigt und berechnet. Behälter und Fertigfundamentplatte müssen bei Abholung durch ein Spediteurkranfahrzeug eine maximale Ausladung von 5,5 m Breite vorweisen. Anderenfalls wird ein Spezialkranfahrzeug eingesetzt. Diese Kosten werden nach tatsächlichem Aufwand dem AG direkt berechnet. Die Demontage der Versorgungsleitung bzw. Tank und Hausanschluss, Regler, Rohr (verbleibt teilweise beim AG) usw., wird, wenn diese nicht im Eigentum des Versorgungsunternehmens steht, durch einen ortsansässigen Fachbetrieb ausgeführt. Die Beauftragung und Begleichung des Fachbetriebes erfolgt durch den AG. Befindet sich die Versorgungsleitung im Eigentum des Versorgungsunternehmens, wird das Versorgungsunternehmen dieses selbst ausführen und dem AG berechnen. Bauliche Veränderungen sowie Erdarbeiten und Wiederherstellung in den Urzustand trägt der AG selbst.			
Fundamentplatte ausbauen	St	0,55	26,10
Fundamentplatte für Flüssiggasbehälter ausbauen; auf der Baustelle zwischenlagern und entsorgen.			

Rohrleitungen, Edelstahl | **E** | **h** | **Preis**

Rohrleitungen, Edelstahl	E	h	Preis
Stahlrohr ausbauen, 12-25 mm	m	0,22	9,80
Stahlrohr nach dem Entleeren der Anlage ausbauen, eingebundene Leitungen verschließen, auf der Baustelle zwischenlagern und entsorgen. Durchmesser : 12 - 25 mm			
Stahlrohr ausbauen, 32-50 mm	m	0,29	13,20
wie beschrieben. Durchmesser : 32 - 50 mm			

Rohrleitungen, PE-X	E	h	Preis
Rohr, PE-X, ausbauen, DN 12-25	m	0,14	6,67
Rohr aus Polyetylen vernetzt (PE-X) nach dem Entleeren der Anlage ausbauen, eingebundene Leitungen verschließen, auf der Baustelle zwischenlagern und entsorgen. Durchmesser : DN 12 - 25			
Rohr, PE-X, ausbauen, DN 32-50	m	0,30	13,91
wie beschrieben. Durchmesser : DN 32 - 50			

Rohrleitungen, Gewinderohr verzinkt	E	h	Preis
Gewinderohr ausbauen, DN 8-25	m	0,15	8,60
Gewinderohr nach dem Entleeren der Anlage ausbauen, eingebundene Leitungen verschließen, auf der Baustelle zwischenlagern und entsorgen. Durchmesser : DN 8 - 25			
Gewinderohr ausbauen, DN 32-50	m	0,20	10,70
wie beschrieben. Durchmesser : DN 32 - 50			

Rohrleitungen, Kupfer	**E**	**h**	**Preis**
Kupferrohr ausbauen, 6-28 mm	m	0,22	11,27
Kupferrohr nach dem Entleeren der Anlage ausbauen, eingebundene Leitungen verschließen, auf der Baustelle zwischenlagern und entsorgen. Durchmesser : DN 6 - 28 mm			
Kupferrohr ausbauen, 35-54 mm	m	0,30	14,95
wie beschrieben. Durchmesser : DN 35 - 54 mm			

Rohrleitungen, Druckrohre	**E**	**h**	**Preis**
Druckrohr ausbauen, DN 15-40	m	0,25	11,61
Druckrohr nach dem Entleeren der Anlage ausbauen, eingebundene Leitungen verschließen, auf der Baustelle zwischenlagern und entsorgen. Durchmesser : DN 15 - 40			
Druckrohr ausbauen, DN 50-80	m	0,35	15,98
wie beschrieben. Durchmesser : DN 50 - 80			

Rohrleitungen, Verbundrohre	**E**	**h**	**Preis**
Verbundrohr, ausbauen, DN 12 - 25	m	0,14	7,59
Verbundrohr nach dem Entleeren der Anlage ausbauen, eingebundene Leitungen verschließen, auf der Baustelle zwischenlagern und entsorgen. Durchmesser : DN 12 - 25			
Verbundrohr, ausbauen, DN 32 - 50	m	0,35	16,44
wie beschrieben. Durchmesser : DN 32 - 50			

Ventile

Ventile	E	h	Preis
Auslaufventil, frostsicher, ausbauen	St	0,36	17,82
Auslaufventil, frostsicher, nach dem Entleeren der Anlage ausbauen, eingebundene Leitungen verschließen, auf der Baustelle zwischenlagern und entsorgen.			
Durchgangsventil ausbauen, DN 15-25	St	0,25	12,19
Durchgangsventil nach dem Entleeren der Anlage ausbauen, eingebundene Leitungen verschließen, auf der Baustelle zwischenlagern und entsorgen. Durchmesser : DN 15 - 25			
Schrägsitzventil ausbauen, DN 15-25	St	0,26	12,88
Schrägsitzventil nach dem Entleeren der Anlage ausbauen, eingebundene Leitungen verschließen, auf der Baustelle zwischenlagern und entsorgen. Durchmesser : DN 15 - 25			

Kugelhähne, Schieber

Kugelhähne, Schieber	E	h	Preis
Muffenkugelhahn ausbauen, DN 15-25	St	0,29	14,14
Muffenkugelhahn nach dem Entleeren der Anlage ausbauen, eingebundene Leitungen verschließen, auf der Baustelle zwischenlagern und entsorgen. Durchmesser : DN 15 - 25			
Muffenabsperrschieber ausbauen,DN15-25	St	0,39	19,09
Muffenkugelhahn nach dem Entleeren der Anlage ausbauen, eingebundene Leitungen verschließen, auf der Baustelle zwischenlagern und entsorgen. Durchmesser : DN 15 - 25			

Schmutzfänger

Schmutzfänger	E	h	Preis
Schmutzfänger ausbauen, DN 15-25	St	0,27	13,60
Schmutzfänger nach dem Entleeren der Anlage ausbauen, eingebundene Leitungen verschließen, auf der Baustelle zwischenlagern und entsorgen. Durchmesser : DN 15 - 25			

Flansch-Schmutzfänger ausbauen,DN15-32	St	0,52	23,20
Flansch-Schmutzfänger nach dem Entleeren der Anlage ausbauen, eingebundene Leitungen verschließen, auf der Baustelle zwischenlagern und entsorgen. Durchmesser : DN 15 - 32			
Gasfilter ausbauen, DN 15-25	St	0,27	12,60
Gasfilter nach dem Entleeren der Anlage ausbauen, eingebundene Leitungen verschließen, auf der Baustelle zwischenlagern und entsorgen. Durchmesser : DN 15 - 25			
Gasfilter,m. Flansch,ausbauen,DN15-32	St	0,52	23,30
Gasfilter mit Flansch nach dem Entleeren der Anlage ausbauen, eingebundene Leitungen verschließen, auf der Baustelle zwischenlagern und entsorgen. Durchmesser : DN 15 - 32			

Rückflussverhinderer, Rohrtrenner	**E**	**h**	**Preis**
Rückflussverhinderer ausbauen,DN 15-25	St	0,28	13,45
Rückflussverhinderer nach dem Entleeren der Anlage ausbauen, eingebundene Leitungen verschließen, auf der Baustelle zwischenlagern und entsorgen. Durchmesser : DN 15 - 25			
Rohrtrenner ausbauen, DN 15-25	St	0,29	14,14
Rohrtrenner nach dem Entleeren der Anlage ausbauen, eingebundene Leitungen verschließen, auf der Baustelle zwischenlagern und entsorgen. Durchmesser : DN 15 - 25			

Wasserzähler	**E**	**h**	**Preis**
Wasserzähler ausbauen	St	0,67	32,89
Wasserzähler durch schließen der Absperrhähne ausbauen, auf der Baustelle zwischenlagern und entsorgen.			

Hauswasserzähler ausbauen, DN 20-40	St	0,68	33,58
Hauswasserzähler durch schließen der Absperrhähne ausbauen, auf der Baustelle zwischenlagern und entsorgen. Durchmesser : DN 20 – 40			

Rohrleitungen, Guss

	E	h	Preis
Rohr, Guss, ausbauen, DN 40-100	m	0,48	23,37
Gussrohr ausbauen, auf der Baustelle zwischenlagern und entsorgen. Durchmesser : DN 40 - 100			

Rohrleitungen, Stahl

	E	h	Preis
Rohr, Stahl, ausbauen, DN 40-100	m	0,38	18,35
Stahlrohr ausbauen, auf der Baustelle zwischenlagern und entsorgen. Durchmesser : DN 40 - 100			

Rohrleitungen, HT, PP

	E	h	Preis
HT-Rohr, PP, ausbauen, DN 40-100	m	0,39	18,92
HT-Rohr aus Polypropylen (PP) ausbauen, auf der Baustelle zwischenlagern, entsorgen. Durchmesser : DN 40 - 100			

Rohrleitungen, PE

	E	h	Preis
Rohr, PE, ausbauen, DN 40-100	m	0,36	17,67
Rohr aus Polyethylen (PE) ausbauen, auf der Baustelle zwischenlagern und entsorgen. Durchmesser : DN 40 - 100			

Bögen, Guss	**E**	**h**	**Preis**
Bogen, Guss, ausbauen, DN 40-100	St	0,12	5,70
Bogen aus Guss ausbauen, auf der Baustelle zwischenlagern und entsorgen. Durchmesser : DN 40 - 100			
Doppelbogen, Guss, ausbauen, DN 125-200	St	0,20	9,91
Doppelbogen aus Guss ausbauen, auf der Baustelle zwischenlagern und entsorgen. Durchmesser : DN 125 - 200			

Bögen, HT, PP	**E**	**h**	**Preis**
HT-Bogen ausbauen, DN 40-100	St	0,06	2,96
HT-Bogen aus Kunststoff ausbauen, auf der Baustelle zwischenlagern und entsorgen. Durchmesser : DN 40 - 100			

Abzweige und Übergänge, Guss	**E**	**h**	**Preis**
Abzweig, Guss, ausbauen, DN 40-100	St	0,28	13,68
Abzweig aus Guss ausbauen, auf der Baustelle zwischenlagern und entsorgen. Durchmesser : DN 40 - 100			
Übergangsrohr, Guss, ausbauen,DN 40-100	St	0,12	5,70
Übergangsrohr aus Guss ausbauen, auf der Baustelle zwischenlagern und entsorgen. Durchmesser : DN 40 - 100			

Abzweige und Übergänge, HT, PP	**E**	**h**	**Preis**
HT-Abzweig ausbauen, DN 40-100	St	0,25	12,08
HT-Abzweig aus Kunststoff ausbauen, auf der Baustelle zwischenlagern und entsorgen. Durchmesser : DN 40 - 100			

HT-Anschlussstück ausbauen, DN 40-100	St	0,13	6,49
HT-Anschlussstück aus Kunststoff ausbauen, auf der Baustelle zwischenlagern und entsorgen. Durchmesser : DN 40 - 100			
HT-Übergangsrohr ausbauen, DN 40-100	St	0,12	5,70
HT-Übergangsrohr aus Kunststoff ausbauen, auf der Baustelle zwischenlagern, entsorgen. Durchmesser : DN 40 - 100			

Passrohre und Anschlussstücke, Guss	E	h	Preis
Anschlussstück, Guss,ausbauen,DN 40-100	St	0,33	16,30
Anschlussstück aus Guss ausbauen, auf der Baustelle zwischenlagern und entsorgen. Durchmesser : DN 40 - 100			

Muffen - HT usw., PP	E	h	Preis
HT-Doppelmuffe ausbauen, DN 40-100	St	0,10	5,01
HT-Doppelmuffe aus Kunststoff ausbauen, auf der Baustelle zwischenlagern, entsorgen. Durchmesser : DN 40 - 100			
HT-Aufsteckmuffe ausbauen, DN 40-100	St	0,13	6,49
HT-Aufsteckmuffe aus Kunststoff ausbauen, auf der Baustelle zwischenlagern, entsorgen. Durchmesser : DN 40 -100			

Verbindungen usw., Guss	E	h	Preis
CV-Verbindungen ausbauen, DN 40-100	St	0,04	2,05
CV-Verbindung ausbauen, auf der Baustelle zwischenlagern und entsorgen. Durchmesser : DN 40 - 100			

Konfix-Verbindung ausbauen, DN 40-100	St	0,06	2,85
Konfix-Verbindung ausbauen, auf der Baustelle zwischenlagern und entsorgen. Durchmesser : DN 40 - 100			

Bodenentwässerung	E	h	Preis
Bodenablauf freilegen, DN 40-70	St	1,45	71,36
Bodenablauf freilegen zum Ausbau. Durchmesser : DN 40 - 70			
Bodenablauf ausbauen, DN 40-70	St	0,48	23,37
Bodenablauf ausbauen, auf der Baustelle zwischenlagern und entsorgen. Durchmesser : DN 40 - 70			

Mauerdurchführungen	E	h	Preis
Durchführung ausbauen, 20 cm, DN 40-100	St	0,39	16,30
Durchführung ausbauen, auf der Baustelle zwischenlagern und entsorgen. Wanddicke : 20 cm Durchmesser : DN 40 - 100			
Durchführung ausbauen, 40 cm, DN 40-100	St	0,51	24,85
wie beschrieben. Wanddicke : 40 cm Durchmesser : DN 40 – 100			

Montageelemente, Bade- u. Brausewannen	E	h	Preis
Montageelement, Badewanne, ausbauen	St	1,28	62,10
Montageelement für die Badewanne nach dem Entleeren der Anlage ausbauen, eingebundene Leitungen verschließen, auf der Baustelle zwischenlagern und entsorgen.			

Montageelement, Duschwanne, ausbauen	St	1,38	66,81

Montageelement für die Duschwanne nach dem Entleeren der Anlage ausbauen, eingebundene Leitungen verschließen, auf der Baustelle zwischenlagern und entsorgen.

Montageelemente, Waschtische	**E**	**h**	**Preis**
Montageelement, Waschtisch, ausbauen	St	1,13	54,97

Montageelement für den Waschtisch nach dem Entleeren der Anlage ausbauen, eingebundene Leitungen verschließen, auf der Baustelle zwischenlagern und entsorgen.

Bade- und Brausewannen	**E**	**h**	**Preis**
Badewanne ausbauen	St	2,90	141,45

Badewanne mit Ablaufgarnitur ausbauen, auf der Baustelle zwischenlagern, entsorgen.

Duschwanne ausbauen	St	1,81	88,20

Duschwanne mit Ablaufgarnitur ausbauen, auf der Baustelle zwischenlagern, entsorgen.

Waschtische und Waschtischsäulen	**E**	**h**	**Preis**
Handwaschbecken ausbauen	St	0,80	38,75

Handwaschbecken mit Zu- und Ablaufgarnitur nach dem Entleeren der Anlage ausbauen, eingebundene Leitungen verschließen, auf der Baustelle zwischenlagern und entsorgen.

Waschtisch ausbauen	St	0,96	46,57

Waschtisch mit Zu- und Ablaufgarnitur nach dem Entleeren der Anlage ausbauen, eingebundene Leitungen verschließen, auf der Baustelle zwischenlagern und entsorgen.

WC, Urinale und Sitzwaschbecken	E	h	Preis
WC-Anlage ausbauen	St	0,72	35,42
WC-Anlage nach dem Entleeren der Anlage ausbauen, eingebundene Leitungen verschließen, auf der Baustelle zwischenlagern und entsorgen.			
WC-Sitz ausbauen	St	0,29	14,26
WC-Sitz ausbauen, auf der Baustelle zwischenlagern und entsorgen.			
Spülkasten ausbauen	St	0,36	17,59
Spülkasten nach dem Entleeren der Anlage ausbauen, eingebundene Leitungen verschließen, auf der Baustelle zwischenlagern und entsorgen.			
Urinal ausbauen	St	0,75	36,68
Urinalbecken nach dem Entleeren der Anlage ausbauen, eingebundene Leitungen verschließen, auf der Baustelle zwischenlagern und entsorgen.			
Sitzwaschbecken ausbauen	St	0,97	47,38
Sitzwaschbecken mit Zu- und Ablaufgarnitur nach dem Entleeren der Anlage ausbauen, eingebundene Leitungen verschließen, auf der Baustelle zwischenlagern und entsorgen.			

Spülbecken, Unterschränke usw.	E	h	Preis
Spüle ausbauen, l=bis 1000 mm	St	0,87	42,78
Spüle mit Ablaufgarnitur nach dem Entleeren der Anlage ausbauen, eingebundene Leitungen verschließen, auf der Baustelle zwischenlagern und entsorgen. Länge : bis 1000 mm			
Unterschrank, Spüle, ausbauen	St	0,72	35,42
Unterschrank für Spüle ausbauen, auf der Baustelle zwischenlagern und entsorgen.			

Armaturen, Bade- und Brausewannen	E	h	Preis
Badebatterie, ausbauen	St	0,25	12,07
Badebatterie nach dem Entleeren der Anlage ausbauen, eingebundene Leitungen verschließen, auf der Baustelle zwischenlagern und entsorgen.			
Wanneneinlauf ausbauen	St	0,17	8,51
Wanneneinlauf nach dem Entleeren der Anlage ausbauen, eingebundene Leitungen verschließen, auf der Baustelle zwischenlagern und entsorgen.			
Brausebatterie, ausbauen	St	0,25	12,19
Brausebatterie nach dem Entleeren der Anlage ausbauen, eingebundene Leitungen verschließen, auf der Baustelle zwischenlagern und entsorgen.			

Armaturen, Waschtische	E	h	Preis
Waschtischbatterie ausbauen	St	0,62	30,36
Waschtischbatterie nach dem Entleeren der Anlage ausbauen, eingebundene Leitungen verschließen, auf der Baustelle zwischenlagern und entsorgen.			
Standventil ausbauen	St	0,45	21,73
Standventil nach dem Entleeren der Anlage ausbauen, eingebundene Leitungen verschließen, auf der Baustelle zwischenlagern und entsorgen.			

Armaturen,WC,Urinale,Sitzwaschbecken	E	h	Preis
WC-Spüler ausbauen	St	0,20	10,00
WC-Spüler nach dem Entleeren der Anlage ausbauen, eingebundene Leitungen verschließen, auf der Baustelle zwischenlagern und entsorgen.			
Urinal-Spüler ausbauen	St	0,45	22,19
Urinal-Spüler nach dem Entleeren der Anlage ausbauen, eingebundene Leitungen verschließen, auf der Baustelle zwischenlagern und entsorgen.			

Niederdruck-Armaturen, Warmwassergeräte	**E**	**h**	**Preis**
Badebatterie ausbauen	St	0,42	20,58
Badebatterie nach dem Entleeren der Anlage ausbauen, eingebundene Leitungen verschließen, auf der Baustelle zwischenlagern und entsorgen.			
Brausebatterie ausbauen	St	0,44	21,27
Brausebatterie nach dem Entleeren der Anlage ausbauen, eingebundene Leitungen verschließen, auf der Baustelle zwischenlagern und entsorgen.			
Waschtischbatterie ausbauen	St	0,45	21,73
Waschtischbatterie nach dem Entleeren der Anlage ausbauen, eingebundene Leitungen verschließen, auf der Baustelle zwischenlagern und entsorgen.			

Warmwassergeräte, Elektro	**E**	**h**	**Preis**
Kochendwassergerät ausbauen	St	0,67	32,54
Kochendwassergerät nach dem Entleeren der Anlage ausbauen, eingebundene Leitungen verschließen, auf der Baustelle zwischenlagern und entsorgen.			
Warmwasserspeicher ausbauen	St	0,68	33,12
Warmwasserspeicher nach dem Entleeren der Anlage ausbauen, eingebundene Leitungen verschließen, auf der Baustelle zwischenlagern und entsorgen.			
Durchlauferhitzer ausbauen	St	1,12	54,39
Durchlauferhitzer nach dem Entleeren der Anlage ausbauen, eingebundene Leitungen verschließen, auf der Baustelle zwischenlagern und entsorgen.			
Standspeicher ausbauen	St	2,61	126,50
Standspeicher nach dem Entleeren der Anlage ausbauen, eingebundene Leitungen verschließen, auf der Baustelle zwischenlagern und entsorgen.			

Warmwassergeräte, Gas	**E**	**h**	**Preis**
Gas-Wasserheizer ausbauen	St	3,02	147,20
Gas-Wasserheizer nach dem Entleeren der Anlage ausbauen, eingebundene Leitungen verschließen, auf der Baustelle zwischenlagern und entsorgen.			
Heißwasserspeicher ausbauen	St	3,04	149,50
Heißwasserspeicher nach dem Entleeren der Anlage ausbauen, eingebundene Leitungen verschließen, auf der Baustelle zwischenlagern und entsorgen.			

Abgasanschlüsse, Warmwassergeräte	**E**	**h**	**Preis**
Abgasrohr ausbauen, bis 1000 mm	St	0,25	12,07
Abgasrohre ausbauen, auf der Baustelle zwischenlagern und entsorgen. Länge : bis 1000 m			
Abgasrohr-Bogen ausbauen	St	0,22	10,58
Abgasrohr-Bogen ausbauen, auf der Baustelle zwischenlagern und entsorgen.			
Abgasrohr-T-Stück ausbauen	St	0,23	11,27
Abgasrohr-T-Stück ausbauen, auf der Baustelle zwischenlagern und entsorgen.			

Hauswasserstationen	**E**	**h**	**Preis**
Hauswasserstation ausbauen,DN 15-25	St	0,91	42,40
Hauswasserstation nach dem Entleeren der Anlage ausbauen, eingebundene Leitungen verschließen, auf der Baustelle zwischenlagern und entsorgen. Durchmesser : DN 15 - DN 25 Angeb. Fabrikat :			

Hebeanlagen	E	h	Preis
Hebeanlage, Unterflurinstall.,ausbauen	St	1,50	69,90
Hebeanlage, Unterflur installiert, nach dem Entleeren der Anlage ausbauen, eingebundene Leitungen verschließen, auf der Baustelle zwischenlagern und entsorgen.			
Hebeanlage, Überflurinstall.,ausbauen	St	0,40	19,80
Hebeanlage, Überflur installiert, nach dem Entleeren der Anlage ausbauen, eingebundene Leitungen verschließen, auf der Baustelle zwischenlagern und entsorgen.			
Fäkalien-Hebeanlage ausbauen	St	2,50	105,00
Fäkalien-Hebeanlage nach dem Entleeren der Anlage ausbauen, eingebundene Leitungen verschließen, auf der Baustelle zwischenlagern und entsorgen.			
Rückschlagklappe ausbauen	St	0,07	4,30
Rückschlagklappe für Hebeanlage ausbauen, eingebundene Leitungen verschließen, auf der Baustelle zwischenlagern und entsorgen.			

Regenwassersammelanlage	E	h	Preis
Hausspeicher ausbauen	St	0,87	40,92
Hausspeicher aus Kunststoff ausbauen, eingebundene Leitungen verschließen, auf der Baustelle zwischenlagern und entsorgen.			
Filtersammler ausbauen	St	0,80	37,51
Filtersammler ausbauen, auf der Baustelle zwischenlagern und entsorgen.			
Regenwasserversorgungsanlagen ausbauen	St	0,97	45,76
Regenwasserversorgungsanlage nach dem Entleeren der Anlage ausbauen, eingebundene Leitungen verschließen, auf der Baustelle zwischenlagern und entsorgen.			

Erdspeicher ausbauen, bis 10 m^3	St	3,63	173,03
Erdspeicher ausbauen, eingebundene Leitungen verschließen, auf der Baustelle zwischenlagern und entsorgen. Nutzinhalt : bis 10 m^3			